聚合物弹性微球
深部调驱技术与矿场实践

TECHNOLOGY AND FIELD PRACTICES ON DEEP PROFILE CONTROL AND
FLOODING BY POLYMERIC ELASTIC MICROSPHERE

姜亦栋　徐赋海　赵明宸　马代鑫　李明川　著

U0307799

中国石油大学出版社
CHINA UNIVERSITY OF PETROLEUM PRESS

图书在版编目（CIP）数据

聚合物弹性微球深部调驱技术与矿场实践/姜亦栋
等著. 一东营:中国石油大学出版社,2017.8
　ISBN 978-7-5636-5733-9

　Ⅰ.①聚⋯ Ⅱ.①姜⋯ Ⅲ.①含水层－化学驱油
Ⅳ.①TE357.46

　中国版本图书馆 CIP 数据核字(2017)第 210765 号

书　　　名：聚合物弹性微球深部调驱技术与矿场实践
作　　　者：姜亦栋　徐赋海　赵明宸　马代鑫　李明川

责任编辑：秦晓霞（电话　0532—86983567）
封面设计：悟本设计

出 版 者：中国石油大学出版社
　　　　　（地址：山东省青岛市黄岛区长江西路 66 号　邮编：266580）
网　　　址：http://www.uppbook.com.cn
电子邮箱：shiyoujiaoyu@126.com
排 版 者：青岛汇英栋梁文化传媒有限公司
印 刷 者：青岛国彩印刷有限公司
发 行 者：中国石油大学出版社（电话　0532—86981531,86983437）
开　　　本：185 mm×260 mm
印　　　张：10.5
字　　　数：256 千
版 印 次：2018 年 4 月第 1 版　2018 年 4 月第 1 次印刷
书　　　号：ISBN 978-7-5636-5733-9
定　　　价：58.00 元

Preface

前　言

在东辛油田注水开发过程中,油藏平面和纵向上的非均质性、油水黏度差异和注采井网不完善性,导致注采井间形成严重的优势渗流通道,表现出注入水利用率不高、综合含水率高、采出程度低和开发效益低等特点。实践证明,开展高含水期油田调驱结合、以调为主的提高采收率技术研究,扩大注入水波及体积,降低油水界面张力,改善水驱开发效果,增加可采储量,提高油田最终采收率和开发效益,具有重大的现实意义。

近年来三次采油技术取得了较好的效果,高含水期油田在提高采收率方面,仍然以扩大注入水波及体积为主、提高注入水洗油效率为辅,所以改善注水开发效果的主要途径仍然是提高注入水的波及系数。从根本上说,须采取调剖堵水技术改善吸水剖面,使注入水尽量波及高含油饱和度区域,将剩余油区中的原油驱出。调剖剂可用于封堵高渗透层或增加高渗透层的渗流阻力,减小高渗透层的吸水能力,调整吸水剖面、提高垂向波及系数。调剖剂可对后续注入水分流,使原来沿高渗透、低渗流阻力方向流动的水改变流向,扩展到低渗透区,从整体上改善注水开发效果,最终达到扩大注入水波及体积、提高水驱采收率的目的。

传统的调剖技术一般采用强度大的调剖剂对主要吸水层进行封堵,控制含水量的上升,改善差油层的动用程度。对于层内矛盾严重的油藏,传统调剖技术只能在近井附近的高渗透带形成封堵,当注入水超过调剖封堵位置后会在此进入低渗带,若高、低渗透层之间无隔层,则注入水会绕回到高渗透层,沿着高渗透层突进,其有效期较短,增产效果差,难以满足油田增产稳产的需求。深部调驱技术是指注入能够对大孔道进行封堵的调剖剂,伴随注入水不断向地层深部移动,直到停留在不能再移动的远井低渗透层位置,对低渗透层产生封堵,从而使液流转向深部。深部调驱技术立足于高含水期油田开发后期实际需要,能有效调整油藏层内层间矛盾,扩大注入水波及体积,改善注水油田开发效果,增加生产井产油量,提高油田采收率。针对传统调剖技术和常规深部调驱技术存在调驱效果失效、永久性伤害储层和封堵效果不理想的缺点,结合聚合物弹性微球有弹性、微球会发生形变、突破孔喉后运移至深处可再次形成封堵的特点,进而引入了弹性微球深部调驱技术的必要性。

本书共分为五章:第一章主要结合调剖堵水技术,简述了油田深部调驱技术,引出了弹性微球深部调驱技术的必要性;第二章结合实验室弹性微球合成技术,表征了其结构特征,并对微球和冻胶微球复合体系进行了性能评价;第三章建立了微球粒径及强度理论模型和微球体系通过孔喉的压降、封堵和运移数学模型,结合微球的压降影响因素对微球的封堵机理和深部转向机理进行了深入剖析;第四章对微球深部调驱进行了工艺设计,主要从微球配伍性、微球调驱方案工艺设计和微球调驱效果及优化决策方面进行了论述;第五章结合东辛油田永 8 断块油藏地质开发特征,开展了油藏优势渗流场特征、定量描述方法和参数描述技术研究,最后对永 8 油藏微球调驱的配产、单井设计和微球施工效果评价方面开展了详细的论述。

本书是东辛采油厂勘探地质与开发工作者集体长期研究与实践的劳动成果。本书前言与第一章由姜亦栋编写;第二章由姜亦栋、徐赋海编写;第三章由李明川、赵明宸编写;第四章由姜亦栋、李明川编写;第五章由赵明宸、徐赋海编写。全书由姜亦栋统稿、审定。

在本书编写过程中,中国石油大学(华东)、胜利油田勘探开发研究院、东辛采油厂地质研究所、东辛采油厂工艺研究所等的多名同志提供了研究成果和有关资料,胜利油田勘探开发研究院杨勇院长、东辛采油厂王洪宝厂长和中国石油大学(华东)雷光伦教授等提出许多宝贵意见,还参照了相关资料文献,在此一并致谢。尽管作者竭尽所能,但由于水平和知识所限,书中难免存在片面和不足之处,恳请广大读者批评指正。

编　者

2018 年 3 月

Contents

目 录

第一章

弹性微球深部调驱概述

随着油田进入高含水或特高含水期,以调、驱相结合的提高采收率技术可经济有效地改善油田注水开发效果,是老油田实现稳产的重要手段。传统的调驱技术有效期较短,增产效果差,难以满足油田增产稳产的需求。深部调驱技术立足于高含水期油田开发后期实际需要,能有效调整油藏层内层间矛盾,扩大注入水波及体积,改善注水油田开发效果,增加生产井产油量,提高油田采收率。

第一节 调剖堵水技术概述

对于注水开发的油田,由于受储层非均质性的影响,不同储层物性的层段开发效果不同,使得注入水沿大孔道或高渗透层突进到油井,降低了水驱开发效果。为了提高油层的开发效果,需要合理有效地在油井上采取堵水,在水井上采取调剖——调剖堵水措施。

一、调剖堵水技术

1. 调剖堵水概念

由于油层存在非均质性,会出现水在油层中的"突进"和"窜流"现象,严重影响油田的开发效果。封堵油藏中高渗透水流通道可使地层中流体"定势流向、定势压力场"改变,扩大水驱波及体积,提高产油量,降低产水量,从而提高注水开发油田的水驱采收率(图1-1-1);它还可以改善高含水或特高含水油田水驱开发效果,延长油藏稳产时间和实现剩余油挖潜。调剖堵水分为注水井和生产井堵水两类。

对于注水井,由于地层的非均质性,地层的每一层的吸水量都是不平衡的,表现为吸水剖面上的不均匀性,为了提高吸水剖面的波及系数,需要封堵吸水能力强的高渗透层,称为调剖。调剖通过注水井封堵或降低水井高渗透层吸水能力,以达到增加低渗透层吸水、调整注水层段的吸水剖面的目的。

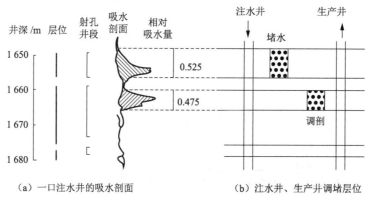

（a）一口注水井的吸水剖面   （b）注水井、生产井调堵层位

图 1-1-1　吸水剖面及封堵示意图

对于油井，由于地层的非均质性，每一层与每一层的不同部分，产油量与含水率不一定相同，其产液剖面不均匀，为提高产油层的驱替效率，需要封堵高产水层以改善产液剖面，称为堵水。堵水就是封堵油井高渗水流通道，调整产液剖面，改变水在地层中的流动特性，降低油井含水，增加产油量，改善高含水或特高含水油田水驱开发效果，延长油藏稳产时间，实现剩余油挖潜。

调剖堵水技术对油田稳产增产有重要意义，随着高含水油藏水驱问题的日益复杂，对该领域的技术要求越来越高，推动着调剖堵水及相关技术的不断创新和发展。

2. 调剖堵水技术现状

我国先后发展了 6 套有关油田的调剖堵水技术。

（1）机械堵水技术。

机械堵水技术是用封隔器将出水层位在井筒内隔开，或者用填砂及下入胶塞封堵下层水，以防止水流入井内。机械堵水作用的范围只限于井筒，由于施工简单，成本较低，往往成为优先考虑的堵水方法。技术比较成熟的机械堵水管柱结构有两大类：自喷井堵水管柱和机械采油井堵水管柱。

（2）油井化学堵水技术。

油井化学堵水技术是用化学剂控制油气井出水量和封堵出水层的方法。化学剂从油井注入高渗透层段，降低近井地带流体的渗透率，控制水的产出。根据化学剂对油层和水层的堵塞作用，化学堵水可分为非选择性堵水和选择性堵水两种。

（3）以注水井为主的调剖技术。

注水井调剖技术是指从注水井调整注水地层的吸水剖面的技术，一般采用化学封堵方法。化学方法是向高渗透层注入调剖剂以降低近井地带的渗透率，调节高低吸水层吸水量，从而改善吸水剖面，提高注入水的波及系数。

（4）以油水井为主的调剖堵水技术。

它是指将注水井调剖和油井堵水结合起来进行，以达到同时改善注水井吸水剖面和油井产液剖面的目的，提高对应油井的注水和采油效果。

（5）以油田区块为目标的调剖堵水技术。

随着单井调剖堵水效果的变差，以油田区块为整体目标，选择部分注水井作为调剖目标井进行调剖。该技术根据整体开发的要求辅以压裂、酸化、补孔、调渗等措施，达到以油田区块整体为目标开发的效果。

（6）深部调剖技术。

深部调驱剂通过段塞法或者大剂量法注入油藏深部,其注入深度根据油藏开发的特点而确定。例如对具有明显大孔道的注水井可采用 1/2 井距,使调驱剂在油藏更深部封堵高渗透层,迫使注入流体在地层深部转向,扩大注入水波及体积,提高开发效果。

二、调剖堵水材料

调剖堵水材料在调剖堵水技术中占有极其重要的地位,历来受到人们高度重视,发展也十分迅速。我国研究和开发了如下 7 类化学剂:

（1）沉淀型调剖堵水剂。

沉淀型调剖堵水剂是指两种或多种能在水中反应生成沉淀封堵高渗透层的化学物质,多为无机物。该类调剖堵水剂一般采用双液法施工,即将两种或多种工作液以 1∶1 的体积比分别注入地层,中间用隔离液分隔。当其向地层推进一定距离后,隔离液逐渐变稀、变薄,失去分隔作用,注入的不同工作液相遇,反应生成沉淀,封堵高渗透层。

（2）冻胶类调剖堵水剂。

冻胶类调剖堵水剂是以水溶性线性高分子材料（聚丙烯酰胺、聚丙烯腈、木质素磺酸盐等）为主剂,以高价金属离子（铬、铝、钛等）或醛类为交联剂,在地层条件下发生交联反应,生成具有网状结构的不溶于水的冻胶,堵塞地层孔隙,阻止注入水沿高渗透层流动。

（3）颗粒类调剖堵水剂。

颗粒类调剖堵水剂主要是通过颗粒自身充填于地层孔喉或岩石骨架间,并在地层中遇水膨胀、固结,通过颗粒间的协同效应及 $1/9\sim1/3$ 架桥理论捕集滞留堵塞地层中的高渗透层或大孔道,降低高渗透层或大孔道的渗透率,改善地层的非均质性。比较常用的颗粒类调剖堵水剂有黏土类、石灰乳、水泥类、粉煤灰类、预交联凝胶颗粒、聚合物水膨体类、生物钙粉和各种矿物粉类等。

（4）泡沫类调剖堵水剂。

泡沫类调剖堵水剂主要是将二氧化碳（CO_2）、氮气（N_2）等气体与泡沫剂一起注入地层,在地层起泡,形成稳定气体泡沫,利用自身较高的视黏度性能对大孔道或高渗透层产生良好的封堵。泡沫的外相为水,稳定存在于出水层,应用贾敏效应有效地封堵来水。在油层,泡沫剂被原油吸收,浓度降低,泡沫稳定性变差,引起泡沫破坏,所以不堵塞油层,具有良好的选择性。常用的起泡剂为磺酸盐型表面活性剂。为提高泡沫稳定性,可在起泡剂中加入稠化剂,如羧甲基纤维素（CMC）等。

（5）树脂类调剖堵水剂。

油田上曾将树脂类调剖堵水剂用作永久性堵水剂,主要有脲醛树脂、酚醛树脂、环氧树脂、糠醇树脂、热缩性树脂等。树脂类调剖堵水剂是低分子物质经过缩聚反应产生的高分子物质,具有强度高、有效期长等优点,适用于封堵裂缝、孔洞、大孔道和高渗透层。其主要作用原理是各组分经化学反应形成树脂类堵塞物,在地层条件下固化不溶,造成对出水层的永久性封堵。例如酚醛树脂的化学反应分两步进行,先将苯酚与甲醛在酸性或碱性条件下制备成羧甲基酚和多羟甲基酚混合物,然后以该混合物为原料在酸性条件下与硬化催化剂进一步聚合成热固性树脂。

（6）微生物类调剖堵水剂。

用于堵水、调剖的微生物的菌株接种物类型有葡聚糖 β 球菌，硫酸盐还原菌，需氧和厌氧的充气污泥细菌，生成生物聚合物的细菌（如肠膜明串珠菌），生成表面活性物质、助表面活性物质的菌种和生成聚合物（多糖和气体）的菌种 6 种。微生物菌种一般最佳生长温度为 60 ℃，不能超过 100 ℃；耐矿化度（NaCl 质量浓度）不能高于 1×10^5 mg/L；兼性厌氧与地层原生菌相容生长。因而其对渗透率 20 μm^2 以下的岩心堵塞率大于 90%，对 20 μm^2 以上的岩心堵塞效果较差。

（7）其他类调剖堵水剂。

其他类调剖堵水剂：改性水泥类调剖堵水剂，主要包括油基水泥、超细水泥、泡沫水泥等调剖堵水剂等；改变岩石润湿性的堵水剂，主要有阳离子型表面活性剂，如季铵盐类表面活性剂等；稠油类堵水剂，包括活性稠油（油基）、水包稠油和偶合稠油等；复合类调剖堵水剂，根据油藏的特点和段塞组合的需要，为满足调剖堵水的需求，研制了复合阳离子堵剂、复合型 HS-1 调剖堵水剂等。

近年来发展起来的一种新型深部调剖堵水技术，即聚合物微球调驱技术，具有受外界影响小、可用污水配制、耐高温高盐等优点。它的作用机理是依靠纳（微）米级聚合物微球遇水膨胀和吸附来逐级封堵地层孔喉以实现其深部调剖堵水的目的。

第二节　油田深部调驱技术概述

传统的调剖堵水技术，调剖堵水范围不大，一般为几米到十几米。在层间窜流严重的油藏，后续注入液绕过封堵区仍窜回高渗透层，使得油井增产有效期短，增产效果差，无法满足油田增产稳产的要求。为解决这一矛盾，深部调驱技术应运而生。

一、深部调驱技术

1. 调驱技术

调剖和驱油的结合称为调驱。调剖是指注水地层吸水剖面的调整，驱油是指注入的工作液对油的驱动。调驱具有提高波及系数和驱油效率的双重作用。

调驱不仅是"驱"，而是以堵为主的一种工艺措施，"驱"只是调剖剂运移过程中的一种附带作用，因而从本质上讲，它称为"堵驱"或"液流转向技术"。在调驱作业时，"调剖"已不是目的，其目的主要是实现流体在油层深部的转向，扩大波及体积，近井地带的转向作用已不十分重要。

调驱是调剖的发展，它不仅调整了吸水剖面，改善了油层深部的非均质性，而且改善了流动比或提高了驱油效率。调驱又是化学驱的"先导试验"，调驱用的交联聚合物（或表面活性剂，或碱）是化学驱用的驱油剂，由这些化学剂在调驱中的效果可以预见它们在同一油藏中化学驱的效果。

调驱用的化学试剂叫作调驱剂。调驱剂是指既有调剖作用也有驱油作用的化学剂。调驱剂分两类，即单液法调驱剂和双液法调驱剂。① 调驱时只用一种工作液的调驱剂叫作单液法调驱剂。例如聚丙烯酰胺溶液，它首先进入含水饱和度高的层（调剖剂特征），使注入压力逐渐升高,然后迫使它依次进入含油饱和度高的中、低渗透层,驱出其中的油(驱油剂特征),起提高采收率作用。CDG(胶态分散凝胶)也是一种单液法调驱剂。② 双液法调驱剂是指调驱时必须用两种工作液的调驱剂:一种起调剖作用,即调剖剂;另一种起驱油作用,即驱油剂。注入时,调剖剂注在前,优先进入高渗透的高含水饱和度的层;驱油剂注在后,它注入含油饱和度高的中、低渗透层起驱油作用。

调驱技术是油田高含水油藏提高水驱采收率的重要技术,由油田的油藏地质特征、所处的开发阶段和调驱技术的特点决定。调驱是一项集成技术,涉及地面配制和注入技术、井筒管柱工具设计技术和调驱剂在油层中的分布控制技术——放置技术等。

2. 深部调驱技术

浅调对于层内矛盾严重的油藏,只能在近井附近的高渗透带形成封堵,当注入水超过调剖剂封堵位置后,会绕回到高渗透层,沿着高渗透层继续突进,因此浅调对于提高注入水的波及系数和采收率效果相当有限。深部调驱能够使调剖剂向地层深部移动,对高渗透层产生封堵,增加调剖的作用半径,提高注入水的扫油面积,实现流体在油层中深部转向的目的(图1-1-2)。因此可见常规调剖技术的作用机理是使注入水在油井中调转方向,扩大注入水的波及体积,改善并调整吸水剖面,从而提高采收率。

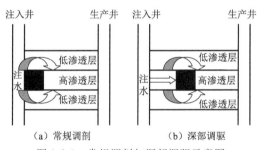

图 1-2-1　常规调剖与深部调驱示意图

深部调驱技术在常规调剖的基础上增加了驱油的作用,具有一定的封堵强度,可以封堵注入水窜流的高渗透层,使流体在油层深部转向,从而扩大注入水的波及体积。在后续注入水的作用下,不断向地层深部做活塞式的移动驱油。由此可见深部调驱技术是能有效调整层内层间矛盾、改善注水油田开发效果的工艺技术,能起到扩大注入水波及体积的作用;同时能有效控制连通性较好的生产井的含水上升速度,解放中、低渗透层储量,增加生产井产油量,提高油田采收率。

深部调驱技术作用机理为:

(1) 动态调剖,使注入水在地层深部转向。

调驱剂因为受到后续注入流体的驱替作用不断在大孔道中向前移动,凝胶调驱剂(CDG)在地层中进入更小孔道时是移动还是形成封堵,取决于凝胶的突破压力和外界的压差。在调驱剂不断移动的过程中,水的冲刷和地层的剪切作用会使凝胶变小,直到遇到更小孔喉形成封堵,更好地在平面和纵向进行调剖。当后续水遇到封堵时便流向地层深部,驱替更小、更多孔隙的残油,进而不同程度地扩大注入水波及体积。

(2) 改变附着力,促进移动。

调驱剂进入地层或者孔喉后,孔喉内的压力平衡瞬间被打破,使孔隙中残余油的附着力改变,迫使部分残余油变成可动油。

（3）改善流度比。

部分调驱剂具有增黏性，可以改善地层流体的流度比，使原来水驱不到而压差大于凝胶转变压力范围的剩余油得到很好驱替。

深部调驱技术具有如下优势：

（1）降低油井的含水率，提高产油量。封堵或卡封高含水层，减少油水井的层间干扰，使原来不能正常工作的低渗透层的作用得到发挥，改变了注入水的流线方向，扩大了注入水的波及体积，有效提高油井的日产油水平。

（2）改善注水井的吸水剖面。注水井深部调驱后将使注水井的吸水剖面发生改变，纵向上可控制高渗透层过高的吸水能力，从而使低渗透层的吸水能力相应提高，某些不吸水层开始吸水，从而扩大注入水的波及体积，扩大油井的见效层位和方向，改善井组的注水开发效果。

（3）提高注入水的利用率，改善注水驱替效果。

（4）从整体上改善注水开发效果。油田区块的整体处理效果表现为整个区块开发得到改善，区块含水上升速度减缓，产量递减速度下降，区块水驱特征曲线斜率变缓。

二、深部调驱材料

深部调驱是有效封堵高渗透层、改善地层非均质性的重要措施之一。深部调驱剂可笼统划分为聚合物类深部调驱剂、柔性材料类深部调驱剂和无机类深部调驱剂等。其中以聚合物类深部调驱剂应用最为广泛。

（1）聚合物类深部调驱剂。

它根据注入过程中是否加入交联剂可分为地下交联剂交联反应型调驱剂和地下非交联剂交联反应型调驱剂。前者主要包括交联聚合物弱凝胶、胶态分散凝胶（CDG）、交联聚合物溶液（LPS）三种不同类型的调驱剂，后者主要包括聚合物纳（微）米球深部调驱剂、阴阳离子聚合物深部调驱剂、黏土胶聚合物絮凝深部调驱剂。

① 交联聚合物弱凝胶。

弱凝胶是由低浓度聚合物和低浓度交联剂形成的具有三维网络结构的弱交联体系，其交联是以分子间交联为主及分子内交联为辅的，黏度在 $100 \sim 10\,000$ mPa·s 之间。在弱凝胶溶液中加入少量交联剂，使之在地层内缓慢形成弱交联体系。该体系能对地层中的高渗透通道产生一定的封堵作用，使调驱后的注入水绕流至中、低渗透层，起到调驱的作用；弱交联体系在后续注入水的推动下还可以逐步向地层深部移动，产生类似聚合物驱一样的效果，从而更大限度地扩大波及体积，提高驱油效率。

② 胶态分散凝胶（CDG）。

胶态分散凝胶是低浓度聚合物分子在交联剂的作用下形成的以分子内交联为主、几个分子间交联为辅的分散胶束溶液，并不形成三维网状结构，因此被称为胶态分散凝胶（Colloidal Dispersion Gel，CDG）。CDG 体系中聚合物的质量浓度可低至 100 mg/L，交联剂一般使用多价金属离子，如柠檬酸铝、乙酸铬等。低浓度的聚合物和交联剂交联形成较大分子的凝胶颗粒，既具有交联聚合物深部调驱的技术特点，又具有调节油藏内部流体流度的作用。胶态分散凝胶在高渗透层形成比较大的流动阻力和残余阻力，以改善水驱开发效果，也可用于聚合物驱油。

③ 交联聚合物溶液（LPS）。

交联聚合物溶液（Linked Polymer Solution，LPS）是在 HPAM/AlCit 凝胶体系中加入

不同浓度的柠檬酸铝后,部分水解聚丙烯酰胺水溶液而形成的一种交联体系。交联聚合物溶液是交联聚合物分子线团分散在水中的体系,同时具有胶体和溶液的特性,有黏度低、流动性好、有选择性封堵地层的特点,具备较好的深部调驱、提高采收率的性能。LPS在注入地层后,优先进入渗透率较高的地层,交联聚合物线团在孔道中吸附滞留,逐步增加流动阻力,使后续驱替液流向低渗透区。交联聚合物线团并未将孔道完全堵死,在一定压力下可被冲开,被推向地层更深处,再次吸附滞留,逐步产生层内和层间的液流改向,从而逐步调整驱替剖面,提高波及系数和原油采收率。

④ 聚合物纳(微)米球深部调驱剂。

聚合物微球是采用国内外研究较多的乳液、微乳液及分散聚合技术制备而来的。微球尺寸可控,分散性能好,可用油田污水配制工作液,在油田中后期开发中使用。它由尺寸可调的纳(微)米球构成。根据地层孔喉调整微球尺寸,微球经过水化、溶胀后达到设计尺寸,有一定的强度。当微球尺寸大于地层孔喉尺寸或架桥封堵时,可满足"堵得住"的要求;微球具有弹性,在一定突变压力下变形而向前移动,逐级逐步实现液流改向,可满足"能移动"的要求,即聚合物微球可满足深部调驱剂应具有的特征。

⑤ 阴、阳离子聚合物深部调驱剂。

阴、阳离子聚合物深部调驱剂是在生产井和注入井分别同时注入阴、阳离子聚合物,或在注入井中交替注入阴、阳离子聚合物。岩石表面呈负电性,从油井中注入的阳离子聚合物溶液优先进入高渗透层和大孔道中,先期吸附于岩石表面,此时从注入井注入阴离子聚合物,阴、阳离子聚合物在地层中相遇后生成不溶性沉淀物,使高渗透层的渗透率降低,迫使后续注入的阴离子聚合物和驱替液进入中、低渗透层,提高波及系数,从而实现深部调驱的目的。

⑥ 黏土胶聚合物絮凝深部调驱剂。

黏土胶聚合物絮凝深部调驱剂是将钠膨润土配制成悬浮液,利用膨润土水化后颗粒能与聚合物形成絮凝体系在地层孔喉处产生堵塞,起到调驱的作用。该体系主要调驱机理为絮凝堵塞、积累膜和机械堵塞。尽管该技术取得了成功,但存在局限性,具体表现为调驱剂自然选择性较差、现场施工需要专用设备、注入性较差、大剂量注入受到限制等。

(2)柔性材料类深部调驱剂。

柔性材料类深部调驱剂以SR-3深部液流转向剂为代表。该体系具有任意变形、环境赋形、黏附能力强、拉伸韧性强、化学稳定性好、具有一定的二次黏结能力6个特征。该调驱剂注入地层后,在大孔道中的运移类似于蚯蚓在土壤中的运动,在高于临界压差条件下能有效适应地层的孔隙变化,自身发生形变通过地层喉道,在低于临界压差条件下同样能有效适应地层孔隙变化,自身发生形变堵住喉道。当粒径小于孔隙时,柔性剂颗粒可通过吸附和一定的黏连作用在多孔介质中发生滞留、堆积,封堵多孔介质,迫使后续注入水转向,扩大注入水波及体积;当粒径大于孔隙时,柔性剂颗粒可通过挤压变形在多孔介质中运移,提高后续注入水的液流阻力,迫使后续注入水转向,扩大注入水波及体积。

(3)无机类深部调驱剂。

无机类深部调驱技术以醇致盐沉积法为代表。以醇致盐沉积法深部调驱技术是指向饱和电解质水溶液中加入非电解质(如乙醇等)溶液,以降低溶液中电解质的溶解度,使部分电解质从溶液中析出并形成固体沉淀的现象。向油层注入高浓度的盐水,盐水像常规的注入水一样首先绕过低渗透的含油层,选择性地进入高含水层或高渗透含水通道。在盐水段塞注完后,注入非电解质(如乙醇)段塞,其在与盐水的接触和混合过程中会降低盐在水中的溶解度,使注入水在所波及的高含水渗流通道内形成固体盐沉淀,从而产生局部堵塞使水相渗透率降低,迫使后续注入水改道进入低渗透含油层或高渗透层内尺寸较小的含油通道。

第三节　弹性微球深部调驱技术概述

深部调驱技术能有效调整注水井吸水剖面、生产井产液剖面,提高储层动用程度,调整层间矛盾。常用的深部调驱技术在油田的实际应用中取得了一定的效果,但仍然存在许多问题。

一、弹性微球深部调驱的必要性

现有的深部调驱剂的调驱效果不佳,以下对不同体系的调驱剂的优、缺点进行简要分析,以说明采用弹性微球深部调驱技术的必要性。

微球类调驱剂一般具有较好的注入性能和较高的强度,能够对优势渗流通道进行有效封堵。但是其颗粒粒径较大,经常只是对近井地带产生封堵,随着后续注入水的不断注入,流体很快绕行至封堵面的后方,再次沿着原来的优势渗流通道前进,调驱效果失效快。

无机调驱体系具有较高的强度,能够封堵高渗透层带;但是堵得死、堵得浅、不移动、易绕流、有效期短,不利于深部调驱,给以后的重复调驱带来极大困难。有机调驱体系堵而不死、可运移、能够实现深部调驱;但强度低,堵不住高渗透带,即使堵住也容易被注入水突破,有效期短。有机无机复合调驱体系封堵强度高、适用范围广;但施工劳动强度大,对机械设备的磨损比较严重,可能永久性严重伤害储层。

地下交联类调驱体系施工工艺方便简单,注入性能好,对施工设备的磨损低,对地层的选择性好,对低渗透层的污染程度低,调剖剂成胶强度中等,具有良好的运移性能。但体系由多组分构成,地层岩石对体系各组分的吸附程度不同,造成体系在地下各组分的最佳配比发生变化,导致不成胶或成胶效果差;同时体系成胶前黏度受地层温度和矿化度的影响严重,地下交联形成的颗粒的强度较弱,易发生形变,封堵效果并不理想。

聚合物弹性微球深部调驱剂的调驱机理是微球注入地层后吸水发生膨胀,对高渗流孔道进行封堵,降低高渗透层的渗透率,直接实现液流改向,降低水相的指进。这类调驱剂是胶核的聚合物凝胶微粒,具有一定的弹性,当压力达到一定值时,微球会发生形变,在孔喉结构中形成突破并运移至与之粒径相匹配的孔喉处再次形成封堵,从而实现深部调驱的作用。

二、弹性微球深部调驱的技术特点

在现有的各种深部调驱技术中,聚合物驱油技术是最为有效的技术,矿场实践证明,具有一定黏度的聚合物在进入油藏后,最先进入高渗水通道,封堵和调节渗水剖面,造成驱替液液流改向,提高驱替液的波及系数。

聚合物弹性微球深部调驱剂是生产成本较低的逐级深部调驱材料,其平均尺寸为几十～几百纳米,在水中可以膨胀,在油中不会膨胀。根据施工要求调节调驱剂注入浓度,可保证有效深部调驱所需微球的浓度;微球在水中分散后变成溶胶,在水中的稳定性与溶液一样,不会产生沉淀现象,提高了进入油藏深部的能力;控制聚合物微球的交联程度,可保证在水中膨胀的倍率、机械弹性和封堵强度的可调节性。弹性微球深部调驱技术特点具体如下:

（1）该调驱剂可以进入地层深部,进入的部位可以根据工程和工艺的需要进行调节。一般说来,现有的开发高渗透油田的孔隙度为$10\%\sim35\%$,一般的高渗透层渗水通道直径在几到几十微米,孔喉直径在500纳米到数微米,这就要求调堵材料在起作用前的尺寸小于孔喉直径。聚合物微球所生产的材料原始尺寸可以调节,品种的最小直径在几十到200纳米,完全达到进入深部的目的。

（2）该调驱剂在水中稳定存在,不会发生分相沉淀。由于在水中微球的最外部会形成聚合物溶液形态,与水之间没有明显的界面,提供了材料溶液的稳定性。

（3）该调驱剂具有相当的机械强度,可以形成有效的封堵。微球的内核为一交联聚合物凝胶,在水中无论怎样浸泡和剪切都很难被破坏,它在水中可以膨胀,达到最大体积后不会发生变化,因此,在孔喉处可以形成有效封堵。

（4）该调驱剂逐级深入调剖。该材料由于耐温、抗盐、耐剪切,在工作压差存在下可以突破对孔喉的封堵,在通过一个孔喉时不会发生变化,在通过下一个孔喉处形成封堵,解决了聚合物驱油中突破即无效的问题。

（5）该调驱剂注入容易,形成封堵强度大。材料在遇水的初期并无明显的体积增大,即使是很高的浓度也几乎没有黏度,只有在经历足够的水化时间后,微球膨胀达到一定体积时,才具有一定黏度,因此注入非常容易。地层中封堵不是依靠黏度,而是依靠材料的弹性和形变,通过交联度和材料组成的设计,可以形成强大的封堵。

（6）封堵强度的调节能力很强。它既可以通过微球原始尺寸和结构调节,也可以通过打入两种在初始阶段性质完全相同、在水化后性质不同,容易发生交联的方式进行增强。

（7）适用范围广。材料本身是纳（微）米凝胶,高分子链段的舒展性与水动力学体积与材料的封堵性能无关,因此,具有良好的耐温、抗盐性能,在一般的高温、高盐矿区均可以使用,极大地扩大了聚合物驱油的适用范围。

（8）综合驱油成本大幅度降低。矿场实践证明弹性微球深部调驱产生有效封堵需要的化学剂量比聚合物调驱下降很多,在产生相同效果的油水比变化和产液量变化时,所使用的化学剂用量和注入能耗都小。同时,无需清水配制,减少污水排放。

（9）工艺简单。纳（微）米调驱剂无论产品是油状物还是干粉形态,在水中均可迅速溶解和分散,无需像聚合物驱油工程一样建立大型溶解、陈化和混合设备,可以直接在污水管线上注入,大幅度减少设备投资。

第二章

弹性微球基本性能评价

微球的室内实验研究主要从微球的室内合成、微球配方及结构表征、微球粒径与性能评价几个方面展开论述。

第一节　弹性微球室内合成技术

一、弹性微球合成方法

弹性微球的合成方法主要包括：反相乳液聚合法、反相微乳液聚合法和反相悬浮聚合法。

本次合成研制出热沉淀聚合装置（图 2-1-1），利用不同口径的喷枪将含有各单体的分散相喷洒到一定温度和搅拌速度下的分散介质中，分别进行反相乳液、分散和悬浮聚合，形成 nm、μm 和 mm 级不同粒径的弹性微球系列产品。

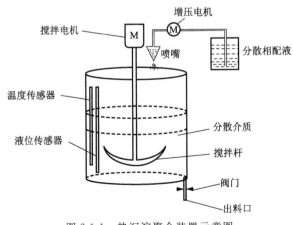

图 2-1-1　热沉淀聚合装置示意图

（1）反相乳液聚合法。

油在水中分散而形成的胶体分散体为乳液。正相乳液聚合是指将油溶性单体分散在水中而得到的水包油型的乳液聚合；反之以非极性的液体作为分散介质，将水溶性的单体分散在介质中，形成的油包水型乳液进行的聚合反应为反相乳液聚合。

反相乳液聚合法的特点是反应速度快、制得产品的相对分子质量分布范围较窄且相对分子质量高，制得产物可以被制成粉末或直接应用，但是乳化剂夹杂在油相或者产品中，不易被除去；聚合反应油相使用大量溶剂，成本高；与常规乳液相比，其乳液聚合稳定性差，乳液中的胶粒碰撞概率大，易凝聚，导致微球粒径分布宽。

（2）反相微乳液聚合法。

在反相乳液聚合理论与技术发展基础上，出现了反相微乳液聚合法。它具有清亮透明或半透明、大小均一，以及稳定性高的特点。

反相微乳液聚合法的特点是反应速度很快，所以此聚合法对反应条件非常敏感，特别是在单体浓度以及水相含量较高的体系中，引发剂的选择以及用量都对反应产物影响很大。制得微球的粒径以及转化率极易受到反应条件微小变化的影响，所以，对反相微乳液聚合法中反应条件的研究具有现实意义。

（3）反相悬浮聚合法。

它是以油类为分散介质，单体溶液作为分散相，以小液滴状悬浮分散在油中，形成油包水体系，单体在小液滴内引发聚合作用的合成方法。单体中溶有引发剂、交联剂等，一个小液滴就相当于一个小的本体聚合单元。从单体液滴转变为聚合物弹性微球，中间要经过聚合物-单体黏性粒子阶段，为了防止粒子聚并，需加分散稳定剂，在聚合物粒子表面形成保护层。反相悬浮聚合体系的形成主要受油水比、搅拌速度和分散稳定剂等因素的控制。

反相悬浮聚合法制备聚合物微球的工艺简单，后处理以及除掉聚合热容易，实现工业化容易。目前，针对丙烯酰胺（AM）类微球的制备，反相悬浮聚合法技术相对成熟且应用广泛。

三种合成方法比较结果见表 2-1-1。

表 2-1-1　三种合成方法比较结果

比较项	反相悬浮聚合法	反相微乳液聚合法	反相乳液聚合法
单体存在场所	颗粒、介质	单体珠滴、乳液粒、胶束、介质	颗粒、介质
引发剂存在场所	颗粒、介质	介质	颗粒、介质
稳定剂	需要	不需要	需要
乳化剂	不需要	需要	需要
合成微球粒径范围/μm	20～200	0.06～0.5	0.5～2.0

二、弹性微球合成技术

根据油藏主力层孔隙直径，采用反相微乳液聚合、反相乳液聚合技术合成大小可控、水化速度可调、具有较好变形性能的聚合物微球体系作为深部调剖剂。

1. 弹性微球实验用品

实验药品：丙烯酰胺（AM）、丙烯酸、N，N'-亚甲基双丙烯酰胺（NMBA）、甲基丙磺酸

（AMPS）、N-VA、过硫酸钾（KPS）、环己烷、白油、失水山梨糖醇脂肪酸酯（Span-80）、吐温（TWEEN）、氯化钠、亚甲基蓝、去离子水。

实验仪器：三口烧瓶（300 mL），烧杯（1 000 mL、500 mL、250 mL），恒压滴加漏斗（250 mL），温度计（量程上限 100 ℃、200 ℃），分液漏斗（500 mL、1 000 mL），DT600A 电子天平，HH 恒温水浴锅，RE52CS 旋转蒸发器，85-2 恒温磁力搅拌器，TC-15 套筒恒温器，量筒（100 mL、250 mL、500 mL），DGG-9070A 电热恒温鼓风干燥器，DZF-6021 真空干燥箱。

为提高弹性微球的耐温、抗盐和强度，合成以 AM 为主链，与 AMPS（含有磺酸基，抑制盐溶液压缩双电层，增加耐盐性）和 N-VA（带苯环侧链）的单体共聚，通过苯环侧链对主链的屏蔽来提高微球抗水分子热运动对主链的撞击能力，提高耐温性能；同时也通过其侧链的位阻作用阻止其主链的蜷曲，提高抗盐性能。

2. 弹性微球实验合成

（1）合成条件。

实验过程中采用 Span-80 作为乳化剂，控制反应温度不超过 85 ℃。

实验基本配方见表 2-1-2。

表 2-1-2　实验基本配方

AM		NMBA		Span-80		KPS		环己烷	H_2O
m/g	$w/\%$	m/g	$w/\%$	m/g	$w/\%$	m/g	$w/\%$	V/mL	V/mL
7.1	13.14	0.154	0.29	0.428	0.79	0.135	0.25	40	15

（2）合成步骤。

① 水相：在烧杯中加入水 90.7 g，丙烯酸 6 g，氢氧化钠 3 g，丙烯酰胺 20 g，N，N′-亚甲基双丙烯酰胺 0.3 g 搅拌均匀；

② 油相：在另一个烧杯中加入导热油 48 g，乳化剂 Span-80 16 g，TWEEN 16 g，搅拌均匀；

③ 在搅拌状态下将水相缓慢加入装油相的烧杯中，形成乳白色的混合溶液；

④ 在 60 ℃的水浴锅中架起 300 mL 的三口烧瓶并搅拌，插上温度计，取约 30 g 混合溶液加入烧瓶中开始搅拌，加入约 0.1 g 引发剂，观察温度的变化；

⑤ 当温度骤升完后回落到 75 ℃ 左右时，往烧瓶中加入约 30 g 混合液，观察温度的变化；

⑥ 以此类推，每次加入 30～50 g 混合液直到全部加完，反应完成后，从三口烧瓶中取出样品即为成品。

第二节　微球配方及结构表征

一、弹性微球配方选择

1. 微球初始粒径影响因素

（1）实验因素对纳米级微球初始粒径的影响。

纳米级微球一般采用反相微乳液聚合法合成，影响其膨胀性能的主要因素（单因素、控制其他条件不变)有引发剂浓度、水油比、反应温度和单体浓度。

① 引发剂浓度(此处指质量分数)。

引发剂是容易被分解成自由基的化合物,是反相悬浮聚合、乳液聚合体系中最主要的组成之一,其种类和用量影响产品的性能、质量、反应速度以及产率。由图 2-2-1 可知,微球初始粒径随着引发剂浓度的增加先增大后减小,当引发剂浓度为 0.16% 时,纳米微球粒径达到最大。

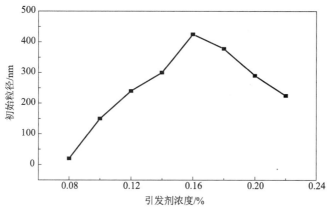

图 2-2-1 引发剂浓度对初始粒径的影响

② 水油比。

水油两相体积比(水油比)对体系成球性能及弹性微球平均粒径也有影响。五个实验瓶中反相微乳液体系中水相含量(体积分数)由左至右依次增加(图 2-2-2),制得产物溶液遮光度依次增强。由此可知水相含量越高,聚合制得的微球初始粒径越大。

图 2-2-2 不同水相含量对初始粒径的影响

由表 2-2-1 中数据可知,水相含量在 48%～56% 的微球初始粒径在 50～800 nm 之间,水油比增大时初始粒径也随之增大。但在工业合成中,水油比低于 45%/55% 的微球有效成分过低、成本过高;水油比高于 65%/35% 的聚合产物的溶液黏度过大,反应过程难以控制。因此在反相微乳液聚合中选取合适的水油比对工业生产尤为重要。

表 2-2-1 不同水相含量制得微球初始粒径

水相含量/%	48	50	52	56
初始粒径/nm	55.2	280.4	406.1	765.3

③ 反应温度。

在实验过程中,烧瓶壁上经常黏附大量的凝胶,对制得产物产率以及油包水体系稳定性造成影响。表 2-2-2 中实验结果表明,烧瓶壁上黏附凝胶的量与反应温度密切相关。

表 2-2-2　不同反应温度下烧瓶壁上黏附凝胶量情况

反应温度/℃	烧瓶壁黏附凝胶现象
50	无黏附的凝胶,几乎无弹性微球生成
60	黏附少量凝胶,得到大量弹性微球
70	黏附较多凝胶,得到大量弹性微球
80	黏附大量凝胶,得到少量弹性微球

在较低的聚合反应温度(50 ℃)下一段时间后烧瓶壁上没有黏附的凝胶,也没有微球生成,这是由于温度较低,引发剂分解缓慢,大部分单体丙烯酰胺还未发生聚合。随反应温度升高,体系中开始有微球产生,但烧瓶壁上的凝胶量也随着温度的升高而增多,当反应温度达到 80 ℃时反应 1 h,烧瓶壁上即黏附大量凝胶。因此,为减少瓶壁上黏附凝胶的量,得到较多的微球,体系应控制反应温度在 60～70 ℃之间,且应注意反应时间不能过长,否则瓶壁上黏附凝胶的量将随时间延长而增加。

由于单体丙烯酰胺反应活性强,聚合反应速率快,短时间内即可释放出大量的聚合热,引起体系温度急剧升高,对体系的稳定性具有重要影响。实验表明,聚合反应中,由于自动加速效应的出现,体系温度短时间内急剧升高。当体系中固体含量(质量分数)>10%,反应温度为 70 ℃时,会出现自动加速效应,体系温度在 2 min 内可升高 20 ℃左右。当温度超过环己烷的沸点时,大量的环己烷迅速挥发,甚至冲出烧瓶,形成暴沸现象,产生大量结块。当反应温度>80 ℃时,在以液体石蜡为分散介质的聚合体系中,体系温度在 2 min 内可升高至 100 ℃以上,超过水的沸点,导致暴沸,同时产生大量结块。而当反应温度较低(60～70 ℃)时,体系温度有时一直保持不变,整个过程观察不到自动加速效应导致的体系温度升高,经过较长反应时间(>3 h),体系中会突然出现凝胶结块,且随时间的增长,结块越变越大。

④ 单体浓度(指质量分数)。

单体浓度对微球初始粒径影响较大,由图 2-2-3 看出当单体浓度在 30%～50%时,其与微球初始粒径几近正比关系;浓度超过 50%后,初始粒径增长趋势开始减缓。

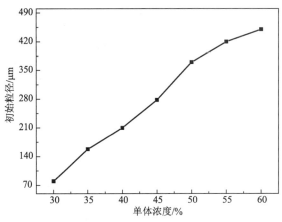

图 2-2-3　单体浓度对微球初始粒径的影响

(2)实验因素对反相悬浮法制得微球初始粒径的影响。

实验中影响反相悬浮法制得微球粒径大小及膨胀性能的主要因素有搅拌速度、交联剂用量和水解度。

① 搅拌速度。

固定其他反应条件不变,只改变转速(170~500 r/min)制得 6 种粒径微球,其粒度分布图及 SEM 照片如图 2-2-4 所示,可以看出随着机械搅拌转速的增加微球粒径明显减小。

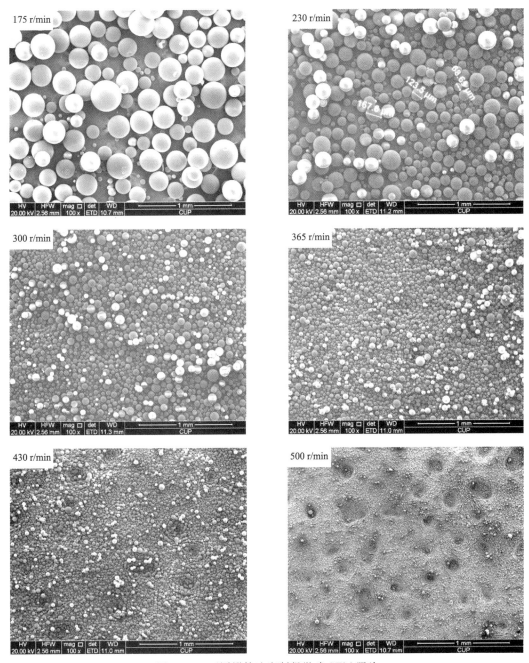

图 2-2-4　不同搅拌速度制得微球 SEM 照片

统计不同搅拌速度下微球干粉粒径(表 2-2-3),从表中可以看出搅拌速度为 175 r/min 时原始粒径平均值为 230.90 μm,搅拌速度为 500 r/min 时原始粒径平均值仅为 11.14 μm,

可见转速对微球粒径的影响是十分显著的,这是因为在反相悬浮体系中需要借助外力和适量的乳化剂才能形成相对稳定的油包水小液滴,搅拌速度的大小直接影响溶有单体、引发剂及交联剂小液滴的大小,从而影响引发聚合后微球粒径。

表 2-2-3　搅拌速度对微球平均粒径的影响

转速/(r·min⁻¹)	175	230	300	365	430	500
原始平均粒径/μm	230.90	136.00	69.81	41.71	30.68	11.14

将 6 种微球粒度分布绘制成曲线(图 2-2-5),从图中可以看出当转速为 430 r/min 时制得的微球单分散性相对较好;转速越小,制得微球粒径分布越宽,单分散性越差;转速为 500 r/min时制得微球出现了三个峰值,但其分布较窄。

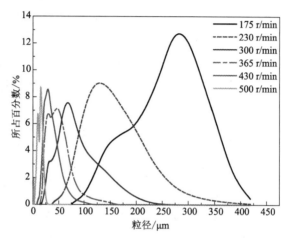

图 2-2-5　搅拌速度对微球粒径的影响

② 交联剂用量。

固定其他反应条件,只改变交联剂(NMBA)用量(质量分数 0.05%～2.0%)制备一系列微球,6 种微球原始粒径、溶胀后粒径和体积溶胀倍数见表 2-2-4,对应粒度分布曲线如图 2-2-6 所示。对比图 2-2-6(a)中各曲线发现,随着交联剂用量从 0.05% 增加到 2%,原始粒径和溶胀后粒径增加到一定值后开始减小,但体积溶胀倍数规律性不太明显。

表 2-2-4　不同交联剂用量微球原始粒径及溶胀倍数

NMBA 用量/%	0.05	0.1	0.33	1.0	1.5	2.0
原始粒径/μm	47.91	63.63	60.06	56.3	54.26	47.95
溶胀后粒径/μm	150.19	174.66	186.49	156.85	122.8	156.32
体积溶胀倍数	30.75	20.61	29.91	21.64	11.59	34.63

注:① 溶胀温度:30 ℃;② 微球质量浓度:20 mg/L。

当交联剂用量为 0.05% 时,微球粒度分布最均匀,单分散性最好。交联剂用量从 0.1% 增加至 2% 时,这 5 种微球的平均粒径从 63.63 μm 降至 47.95 μm,而交联剂用量为 0.05% 时,微球平均粒径仅为 47.91 μm。0.05% 的交联剂微球其单分散性最好,其粒径大多集中在 50 μm 以下,而其他 5 条曲线的峰值与 0.05% 相差不多,其峰值附近微球占总测量微球的百分数明显小于 0.05％且粒度分布较宽,这就使得 0.05％交联剂微球测得平均粒径数值小于其他 5 种。

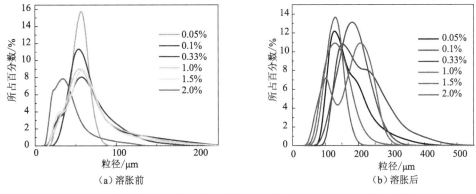

(a)溶胀前   (b)溶胀后

图 2-2-6   不同交联剂用量制得微球溶胀前后粒度分布曲线

(溶胀温度:30 ℃;微球质量浓度:20 mg/L)

③ 水解度。

微球在高温下水化膨胀,主要是由于 AM 单体中的 $CONH_2$ 基团水化成 COOH 基团,增加吸水能力,从而导致微球体积增大;实验结果表明亚毫米级微球在水化 15 d 后膨胀倍数明显增加,因此可以通过 $CONH_2$ 水化成 COOH 的物质的量的比(在 0.04～0.06 之间)来放缓膨胀区域。

(3)实验因素对大尺度微球初始粒径的影响。

不同于纳米级微球和亚毫米级微球,毫米级微球的制备过程是将配制好的水相以一定压力在喷枪喷嘴处形成特定大小的液珠。在特定条件下,液珠在下落的过程中反应,未反应的液珠下落到分散剂中在其下层形成初始粒径范围在 0.5～5 mm 的毫米级微球。影响微球初始粒径的主要因素有单体含量、喷嘴尺寸和喷枪压力。

① 单体含量。

从图 2-2-7 曲线可知,随着单体含量的增加,微球初始粒径增大,但增大幅度略有降低。聚合配方中单体含量由 25％增加到 45％,制得大尺度微球的粒径由 0.5 mm 增长至 2.7 mm。

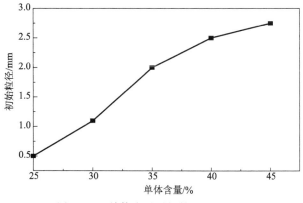

图 2-2-7   单体含量对初始粒径的影响

② 喷嘴尺寸。

由图 2-2-8 可知,随着喷嘴尺寸的增大制得的微球初始粒径增大。当喷嘴尺寸大于 2.5 mm 时,形成的微球初始粒径急剧增大,这时喷嘴口液珠较大,反应条件要求较高,降低了成球的概率,因此大尺寸的喷嘴很少用到。

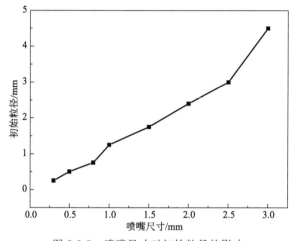

图 2-2-8　喷嘴尺寸对初始粒径的影响

③ 喷枪压力。

由图 2-2-9 可知,随着喷枪压力的增大,形成的大粒度微球的初始粒径变小。这是因为压力越大,在喷嘴处形成的液珠尺寸越小,进而直接影响到制得微球的粒径。

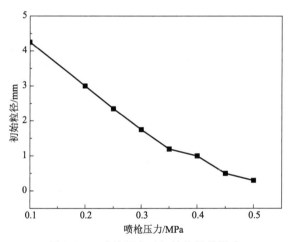

图 2-2-9　喷枪压力对初始粒径的影响

由此可见,乳化剂用量、油水比、搅拌速度以及交联比等因素对微球性能、大小均有一定影响。因此在室内实验中采用正交实验的方法来优化配方以制得油田所需性能的交联聚合物微球。

2. 弹性微球配方选择

反相悬浮聚合法中,,选择水相用量、丙烯酰胺(AM)用量以及 B(白油)、S(Span-80)和 T(TWEEN)用量作为实验的影响因素,将制得微球粒径作为考察指标,采用 L16(4⁵)正交表做 5 因素 4 水平正交实验,见表 2-2-5。

表 2-2-5 正交实验表(反相悬浮聚合)

编 号	编 排	H_2O	AM	B	S	T
L01	11111	34.2	24.4	33	11	6.2
L02	12222	34.2	26.0	35	12	6.8
L03	13333	34.2	27.8	37	13	7.3
L04	14444	34.2	29.7	39	14	7.9
L05	21234	35.2	24.4	35	13	7.3
L06	22143	35.2	26.0	33	14	7.9
L07	23412	35.2	27.8	39	11	6.2
L08	24321	35.2	29.7	37	12	6.8
L09	31342	36.2	24.4	37	14	7.9
L10	32431	36.2	26.0	39	13	7.3
L11	33124	36.2	27.8	33	12	6.8
L12	34213	36.2	29.7	35	11	6.2
L13	41423	37.2	24.4	39	12	6.8
L14	42314	37.2	26.0	37	11	6.2
L15	43241	37.2	27.8	35	14	7.9
L16	44132	37.2	29.7	33	13	7.3

注:B—BPO,白油;S—Span-80;T—TWEEN。

在反相乳液聚合法中取选样水相 AMPS 用量、AM 用量、B(白油)、Span 和 TWEEN 作为实验的影响因素,将制得微球粒径作为考察指标,采用 L16(4⁶)正交表做 6 因素 4 水平正交实验,见表 2-2-6。

表 2-2-6 正交实验表(反相乳液聚合)

编 号	编 排	H_2O	AMPS	AM	B	S	T
R01	11111	128	6	45	96	15.36	8.64
R02	12222	128	6	60	78.75	17.5	8.75
R03	13333	128	6	75	63	20.25	6.75
R04	14444	128	6	90	48.75	21	5.25
R05	21234	138.8	9	45	73.5	25.2	6.3
R06	22143	108.8	9	60	78	31.5	10.5
R07	23412	138.8	9	75	60	10	5
R08	24321	108.8	9	90	67.5	14.4	8.1
R09	31342	150	12	45	58.5	21	10.5
R10	32431	150	12	60	52.5	14.4	8.1
R11	33124	90	12	75	90	24	6
R12	34213	90	12	90	84	15.75	5.25

编　号	编　排	H_2O	AMPS	AM	B	S	T
R13	41423	161.3	15	45	56.25	14.06	4.69
R14	42314	131.3	15	60	72	14.4	3.6
R15	43241	101.3	15	75	68.25	23.25	13.23
R16	44132	71.3	15	90	84	24	12

在反相微乳聚合法制备微球方法中取 AMPS 用量、AM 用量、NMBA 用量、GA(戊二醛)用量、Na_2CO_3 用量为影响因素,将制得微球粒径作为考察指标,采用 $L16(4^5)$ 正交表做 4 水平 5 因素正交实验,见表 2-2-7。

表 2-2-7　正交实验表(雾化球)

编　号	编　排	AMPS	AM	NMBA	GA	Na_2CO_3
W01	11111	1	15	0.1	0.1	0.1
W02	12222	1	20	0.2	0.2	0.2
W03	13333	1	25	0.3	0.3	0.3
W04	14444	1	30	0.4	0.4	0.4
W05	21234	2	15	0.2	0.3	0.4
W06	22143	2	20	0.1	0.4	0.3
W07	23412	2	25	0.4	0.1	0.2
W08	24321	2	30	0.3	0.2	0.1
W09	31342	3	15	0.3	0.4	0.2
W10	32431	3	20	0.4	0.3	0.1
W11	33124	3	25	0.2	0.2	0.4
W12	34213	3	30	0.1	0.1	0.3
W13	41423	4	15	0.4	0.2	0.3
W14	42314	4	20	0.3	0.1	0.4
W15	43241	4	25	0.2	0.4	0.1
W16	44132	4	30	0.1	0.3	0.2

由正交实验对上述三种聚合方法进行配方优化后结果如下。

反相悬浮聚合优化配方(实验室品 L07、工艺品 SD-310):H_2O,35.2 g;AM,27.8 g;B,39 g;S,11 g;T,6.2 g。

反相乳液聚合优化配方(实验室品 R11、工艺品 SD-320):H_2O,90 g;AMPS,12 g;AM,75 g;B,90 g;S,24 g;T,6 g。

反相微乳聚合优化配方(实验室品 W08、工艺品 SD-350):AMPS,2 g;AM,30 g;NMBA,0.3 g;GA,0.2 g;Na_2CO_3;0.1 g。

二、微球组成及结构表征

在本次室内实验中,对微球的组成及结构通过傅里叶红外光谱和核磁共振谱图进行表征。

1. 傅里叶红外光谱表征

傅里叶红外光谱仪是基于对干涉后的红外光进行傅里叶变换的原理而开发的红外光谱仪,主要由红外光源、光阑、干涉仪(分束器、动镜、定镜)、样品室、检测器以及各种红外反射镜、激光器、控制电路板和电源组成。基本原理为光源发出的光被分束器(类似于半透半反镜)分为两束,分别经定镜和动镜反射再回到分束器,动镜以一恒定速度做直线运动,因而经分束器分束后的两束光形成光程差,产生干涉。干涉光在分束器会合后通过样品池,通过样品后,含有样品信息的干涉光到达检测器,然后通过傅里叶变换对信号进行处理,最终得到透过率(或吸光度)随波数(或波长)变化的红外吸收光谱图。

反相乳液聚合法制得微球红外光谱如图 2-2-10 所示。由图中可知,3 420 cm^{-1} 附近很强且很宽的吸收峰为 AM 单体中伯胺及 AMPS 单体中仲胺吸收峰;在 3 180 cm^{-1} 处为伯胺 N—H 振动双峰之一,因与仲胺 N—H 振动强吸收峰重叠,峰型被掩盖;2 920 cm^{-1} 处吸收峰为 C—H 振动特征吸收峰;1 670 cm^{-1} 处为羰基的特征吸收峰,对应于酰胺基中 C=O 伸缩振动;1 450 cm^{-1} 处为单体 AMPS 分子上—CH$_2$ 的 C—H 振动吸收峰;1 380 cm^{-1} 处吸收峰为 AMPS 中(—C(—CH$_3$)$_2$)上—CH$_3$ 中 C—H 振动吸收峰;1 290 cm^{-1} 为 NVP 单体中 C—N 伸缩振动吸收峰;1 090 cm^{-1} 处强吸收峰为 AM 与 AMPS 两种单体的 C—N 伸缩振动峰;在 1 040 cm^{-1} 处吸收峰为 S=O 振动吸收峰;619 cm^{-1} 和 530 cm^{-1} 处为—SO$_3$H 特征吸收峰。在 FTIR 谱图中,1 600 cm^{-1} 附近为 C=C 伸缩振动吸收峰,而在图 2-2-10 中,三元共聚微球在 1 600 cm^{-1} 附近无明显吸收峰,表明三种单体分子内 C=C 双键均打开,经引发聚合形成三元共聚微球。

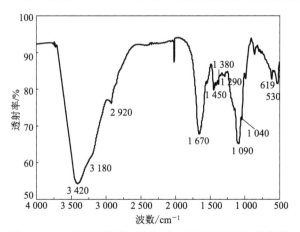

图 2-2-10 反相乳液聚合法制得三元共聚微球红外谱图

2. 核磁共振谱图表征

核磁共振波谱法研究原子核对射频辐射的吸收,是对各种有机和无机物的成分、结构进行定性分析的最强有力的工具之一,有时亦可进行定量分析。其基本原理为:合成高分子中的具有自旋磁性的氢原子就像一个个小磁针,在均匀磁场中平行排列,当采用特定序列方法发射脉冲波时,样品中的氢原子核被激发、跃迁。随着脉冲序列的消失,被激发的氢核发生定向转动而恢复到原来的状态。由于分子中氢原子与其他原子的结合方式不同,在弛豫过程中表现的快慢程度也有一定差异。

对反相悬浮法制得单体配比(AM∶AMPS∶NVA)为 7∶0∶3、7∶1.5∶1.5、7∶3∶0

的三种微球进行核磁共振谱图分析,核磁共振谱图如图 2-2-11 所示。由图中可知,三种配比微球的^{13}C NMR 谱图在化学位移 δ 为 179、58、42、19 附近均有吸收峰,而图 2-2-11(a)、图 2-2-11(b)两谱图在 $\delta=33$ 附近有吸收峰,图 2-2-11(b)、图 2-2-11(c)在 $\delta=53$、29 附近有吸收峰,结合图中所标 AM、AMPS、NVA 三种单体的核磁共振数据可知图 2-2-11(a)、图 2-2-11(b)中 $\delta=33$ 附近峰值对应于 NVA 单体五元环中与羰基相连—CH_2 的化学位移,而 $\delta=29$ 附近峰值对应 AMPS 单体中 CH_3 的化学位移。三种配比微球 ^{13}C NMR 谱图均没有出现 C=C 双键的化学位移,图 2-2-11(b)中峰值包含了三种单体的特征吸收峰,以上结果表明三种单体中两种或三种均可以实现共聚。

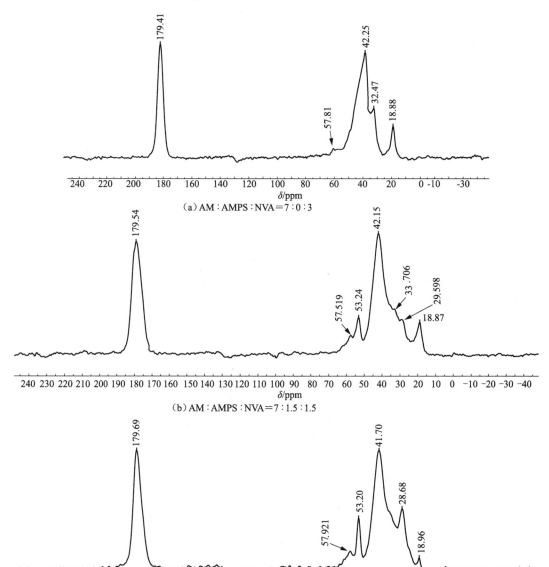

图 2-2-11　反相悬浮法制得三元共聚微球的^{13}C NMR 谱图

弹性微球组成及结构特征是以选择适合油层参数调驱的微球为基础,微球的初始粒径的影响因素决定了调驱的使用范围,是表征微球调驱的重要指标。

第三节 微球及复合体系性能评价

一、微球原始粒径及形态

实验合成的乳液中的微球以 W/O 型乳状液的形式存在,其中的微球被束缚在水滴内部,分散相为微球和少量水,分散介质一般为白油。由于乳液中 W/O 型乳状液微球的浓度较高,乳液液滴会聚集在一起,在用动态光散射法测定其中的 W/O 型乳状液水滴大小时,测定的液滴大小不能反映其真实的尺寸大小。

在实验测定原始乳液中微球大小时,需要先将乳液样品稀释到一定浓度,使乳液中的微球处于相互孤立状态。实验表明,不同聚合方法得到的微球原始粒径虽然不同,但微球的形态都是球形。图 2-3-1 为处理后的雾化球照片,其粒径约为 1 mm,外观为球形。

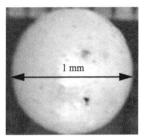

图 2-3-1 雾化球照片

利用不同聚合方法可对微球粒径进行有效控制,从而得到不同粒度的产品。反相悬浮聚合法制得的微球粒径较大,介于 60～200 μm 之间从微球粉末的 SEM 照片看出,微球呈球形,大小分布较均匀(图 2-3-2)。

反相乳液聚合法制得的微球粒径介于 0.5～5.0 μm 之间,从微球 SEM 照片(图 2-3-3)看出,微球分布严重不均;而反相微乳液聚合法制得微球粒径偏小,仅有 0.05～0.8 μm。

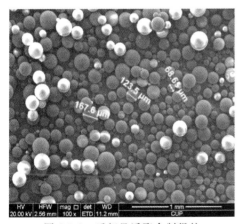

图 2-3-2 反相悬浮聚合制得的
微球干粉的 SEM 照片

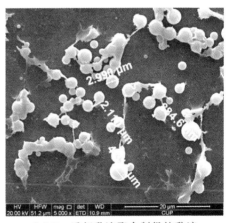

2-3-3 反相乳液聚合制得的乳液
液滴的 SEM 照片

取少量的微米级微球乳液直接用动态光散射仪测得其粒径分布如图 2-3-4 所示。由图中可以看出,微球乳液液滴的大小分布非常宽,液滴的粒径大小在 500 nm～200 μm 之间,超出了仪器的测量范围。这与乳液液滴的实际大小相差非常大,即测得结果不可信。这主要是由于微米级乳液原液中液滴的体积分数较大,液滴间堆积紧密,造成动态光散射法测得液滴尺寸大小与实际相差很大。

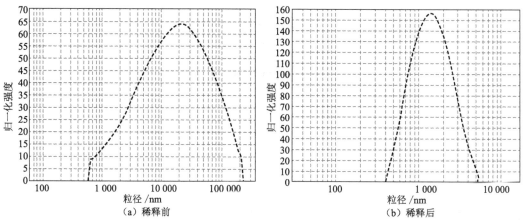

图 2-3-4　DLS 法测得微米级乳液液滴稀释前、后的大小与分布

将微米级乳液液滴用白油稀释 100 倍,再将稀释液用动态光散射法测定其尺寸大小。结果表明稀释后的微米级微球的大小分布相对较窄,液滴尺寸大小在 400 nm～5 μm 之间,与乳液液滴的实际大小较相符。

二、弹性微球的性能评价

聚合物微球初始粒径小于地层裂缝孔径,由地面直接注入地层中后可以顺利进入其中孔道,而且在较高的温度和矿化度地层中,聚合物微球吸水膨胀体积可达几倍至几十倍而对裂缝及大孔道进行封堵。

1. 微球的膨胀性评价

聚合物弹性微球随水或聚合物注入地层后,在地层中吸水膨胀,其膨胀性能直接影响微球对孔喉的封堵强度及变形运移能力,膨胀性是表征微球性能的重要参数。

弹性微球的膨胀性用膨胀倍数来描述,膨胀倍数以吸水率来表示,指单位质量微球吸收液体的量,单位为 g/g 或 mL/g。膨胀倍数的测定方法采用称重法,将一定量的聚合物凝胶微球(m_1)加入水溶液中,间隔一定时间取出,用滤纸吸干微球表面的水,称量其质量(m_2),其膨胀倍数为:

$$Q=(m_2-m_1)/m_1 \tag{2-3-1}$$

式中　Q——膨胀倍数,g/g。

在聚合过程中可以通过控制聚合物的水解度来调整微球膨胀倍数,即酸的加入量增加,聚合物的水解度增大,微球膨胀速度快,最终膨胀的倍数也大。目前微球所用的聚合物单体水解度在 15%～25% 之间。为了更清楚地研究微球在水中的溶胀过程,取少量微球粉末涂抹于载玻片上,用滴管取少量含 0.1% 次甲基蓝的溶液(目的是对微球染色,使之更容易分辨出微球),使微球与水接触,用显微镜观察微球吸水溶胀过程(图 2-3-5)。结果发现微球遇水后迅速溶胀,粒径迅速增大。

为了更好地了解各种方法制得微球的溶胀性能,采用纳米粒度及 Zeta 电位分析仪、激光粒度分析仪以及扫描电镜(SEM)对微球的膨胀性能进行测定。称取一定量的试验区注入污水,在磁力搅拌器搅拌下,滴入一定量的微球配制成一定浓度的分散溶液,并对其进行粒度分析。

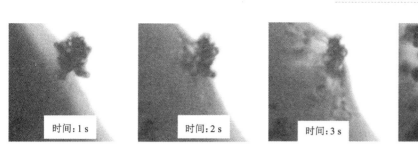

图 2-3-5　微球吸水溶胀过程

（1）反相乳液法制得微球的溶胀性能。

表 2-3-1 为反相乳液法制得微球粒径随着水化时间增长而变化的数值,其结果表明随膨胀时间的增长,微球粒径增大;微球初始尺寸为 83.7 nm,10 d 后可膨胀为 11 倍,30 d 后膨胀为 12 倍。

表 2-3-1　纳米级微球粒径随时间变化

水化天数/d	0	3	10	30
微球粒径/nm	83.7	204.7	952.5	996.3

（2）反相悬浮聚合法制得微球的溶胀性能。

利用反相悬浮聚合法制得微球干粉溶胀前后和乳液微球溶胀前后显微镜照片如图2-3-6和图2-3-7所示,溶胀 24 h 后微球粒径显著增大。微球干粉溶胀和乳液微球溶胀后分别称为配方 1 和配方 2。从图中微球的显微镜照片可以观察到,微米级弹性微球在水中分散后其形状依然为规则的圆球形。结合图中的比例尺可知水溶液中弹性微球的粒径分布较宽,大小在 2 ～126 μm 之间,与原始粒径相比较,溶胀后的微球粒径至少增大了 5 倍以上。

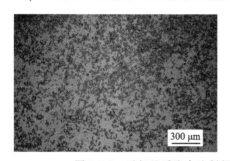
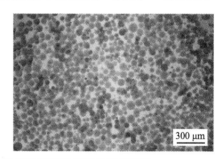

图 2-3-6　反相悬浮聚合法制得微球干粉溶胀前后显微镜照片

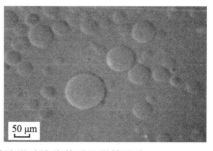

图 2-3-7　反相悬浮聚合法制得乳液微球溶胀前后显微镜照片

（3）大尺度微球溶胀性能。

图 2-3-8 为雾化球溶胀前后照片，微球初始粒径为 0.5 mm，经过水化作用后粒径增至 5 mm，粒径显著增大。

图 2-3-8　雾化球溶胀前后照片

2. 微球的耐温性评价

（1）弹性微球的吸水倍率。

室内采用永 8 注入污水配制 1％浓度（体积分数）的微球，放置于恒温烘箱中，在不同时间点对微球的吸水倍率进行测定。

从图 2-3-9 和图 2-3-10 可以看出，弹性微球在 85 ℃下的吸水倍率比在室温下的吸水倍率略高，说明温度对微球膨胀倍数有一定影响。随着温度上升，微球组成中的酰胺基易水解形成羧基，从而增加其吸水倍率。另外温度增加，水分子热运动增加，容易扩散至微球内部，使得微球发生溶胀，吸水速度也会增大。

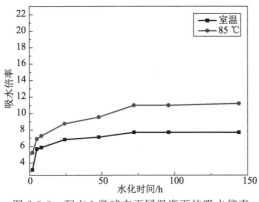

图 2-3-9　配方 1 微球在不同温度下的吸水倍率

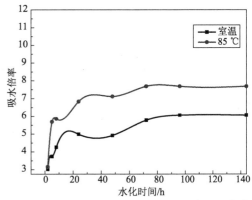

图 2-3-10　配方 2 微球在不同温度下的吸水倍率

（2）弹性微球的突破压力。

室内采用永 8 注入污水配制 1％浓度（体积分数）的微球，放置于恒温烘箱中，测弹性微球膨胀后的突破压力。

从图 2-3-11 和图 2-3-12 可以看出，弹性微球在 85 ℃下的突破压力比在室温下的突破压力略低，配方 1 所制得的弹性微球耐温性强于配方 2。溶胀温度对微球突破压力亦有一定影响。

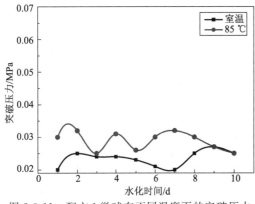

图 2-3-11　配方 1 微球在不同温度下的突破压力

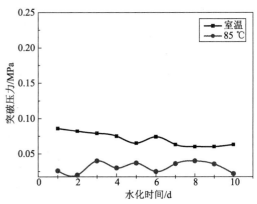

图 2-3-12　配方 2 微球在不同温度下的突破压力

（3）微球 120 ℃下的热稳定性。

聚合物微球因具有特有的优异性能使得其在油田的深部调剖中得到较为广泛的应用，而耐温、耐盐性能优异的微球则具有更为广阔的应用前景。微球在合成过程中通过添加、调整共聚单体的种类和质量提高微球的吸水能力、强度以及热稳定性。

弹性微球大都用在 120 ℃以下的油藏条件下，为此在 120 ℃下评价弹性微球的膨胀倍数和突破压力。配制好浓度 0.5%（体积分数）的微米级微球于密封瓶中后放置于 120 ℃烘箱中，仔细观察微球膨胀过程，0 d、4 d、8 d、14 d 时微球宏观状态如图 2-3-13 所示。

图 2-3-13　微球在高温水溶液中的变化

根据以上现象可推知，微球随着耐温天数的增加溶胀至极值的过程如图 2-3-14 所示。刚开始微球由于重力作用沉降在水溶液底部，4～7 d 时微球体积增大，但仍停留在瓶底部，7～9 d 时微球体积进一步增大，在 9～11 d 时微球体积膨胀到极限值，溶液中水溶液消失，这说明水被微球全部吸收了。

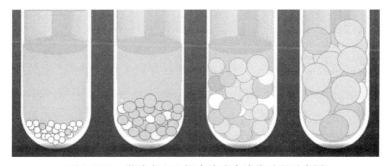

图 2-3-14　微球在 120 ℃水溶液中溶胀过程示意图

配制此微球/水分散体系的二者用量为 0.1 g/20 g，由此可说明达到膨胀极值的微球吸水倍率至少为 200 倍,即微球体积可以膨胀 200 倍以上。

(4) 弹性微球的封堵性能。

① 微孔滤膜实验。

弹性微球在不同温度下溶胀的溶胀速率不同,水化溶胀程度不同,对孔喉的封堵性能会产生影响。

实验考察了质量浓度为 100 mg/L 的微球分散体系(其中 NaCl 质量浓度 5 000 mg/L),分别于 25 ℃、55 ℃ 和 90 ℃ 下溶胀 5 d 后通过 3 μm 微孔滤膜的过滤体积与过滤时间的关系如图 2-3-15 所示。

质量浓度为 100 mg/L 的微球分散体系(其中 NaCl 质量浓度 5 000 mg/L)分别于 25 ℃、55 ℃ 和 90 ℃ 下溶胀 5 d 后通过 1.2 μm 微孔滤膜的过滤体积与过滤时间的关系如图 2-3-16 所示。

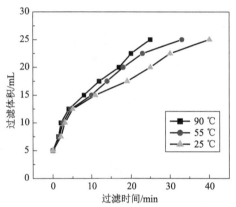

图 2-3-15　不同溶胀温度下微球水分散体系的过滤体积与过滤时间关系(3 μm)

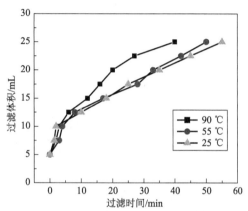

图 2-3-16　不同溶胀温度下水分散体系的过滤体积与过滤时间关系(1.2 μm)

由图中可以看出,在 25 ℃、55 ℃ 和 90 ℃ 下溶胀的微球分散体系通过微孔滤膜时,其过滤曲线有所不同,随溶胀温度增加,微球分散体系通过微孔滤膜的过滤时间降低,但相差较小,且 25 mL 的微球分散体系通过微孔滤膜的过滤时间均达到 40～50 min,即不同温度下溶胀的微球分散体系均能够对微孔滤膜产生有效封堵。这表明在实验所考察的温度范围内,溶胀温度对微球分散体系的封堵性能影响较小,交联聚合物微球具有很好的耐温稳定性。这主要由弹性微球的微观网状交联结构决定,该交联结构使得微球在高温下放置后其交联结构没有发生明显变化,且微球的粒径也没有发生明显变化,只是微球的溶胀程度、变形能力有所不同。因此,对微球分散体系的封堵性能影响较小。

② 岩心封堵实验。

利用 SD-310 与 SD-320 两种配方微球进行岩心封堵实验,SD-310 微球在常温、85 ℃ 膨胀 3 d、120 ℃ 膨胀 3 d,SD-320 微球在常温、85 ℃ 膨胀 3 d、120 ℃ 膨胀 3 d,微球注入方案见表 2-3-2。

表 2-3-2　实验方案设计汇总表

实验编号	注入体系	注入体积
1	3 000 mg/L、SD-310 微球(常温)	0.5 PV
2	3 000 mg/L、SD-310 微球(85 ℃)	0.5 PV

实验编号	注入体系	注入体积
3	3 000 mg/L、SD-310 微球（120 ℃）	0.5 PV
4	3 000 mg/L、SD-320 微球（常温）	0.5 PV
5	3 000 mg/L、SD-320 微球（85 ℃）	0.5 PV
6	3 000 mg/L、SD-320 微球（120 ℃）	0.5 PV

不同温度下得到微球的封堵效果见表 2-3-3，由表中数据可知，SD-310 微球在85 ℃下的封堵率为79.1％，SD-320 在85 ℃和120 ℃下的封堵率均大于50％，说明此配方制得微球具有良好的耐温性能，可以在温度120 ℃油藏中使用。

表 2-3-3　不同温度下微球封堵效果表

配　方	温　度	调驱前渗透率/μm^2	调驱后渗透率/μm^2	封堵率/％	残余阻力系数
SD-310	常　温	1.17	0.998	14.7	1.17
	85 ℃	1.131	0.236	79.1	4.8
	120 ℃	1.131	0.828	29.2	1.41
SD-320	常　温	1.131	0.808	28.6	1.4
	85 ℃	1.17	0.547	53.2	2.14
	120 ℃	1.17	0.357	69.5	3.28
备　注	后续水驱 2 PV				

3. 微球的耐盐性能

（1）矿化度对纳米级微球封堵性能的影响。

图 2-3-17 是不同矿化度水溶液中的微球分散体系通过孔径 1.2 μm 核孔膜的过滤体积与过滤时间关系曲线。

从图中可以看出，随分散体系矿化度增加，微球通过核孔膜的过滤速率相差较小，20 mL的微球分散体系通过核孔滤膜的过滤时间相近，均达到60 min 以上，均能够对核孔膜形成有效封堵。这表明在实验所考察的矿化度范围内，矿化度对微球的封堵性能影响较小，微球具有很好的抗盐稳定性，对不同矿化度的油藏适应性较强。微球具有较好的抗盐稳定性主要是由于其本身是一种交联结构，盐浓度增加并没有改变其交联网状结构，只是使其粒径有所变小，但微球粒径的较小变化不会对其封堵特性产生较大影响。

（2）矿化度对微米级微球封堵性能的影响。

图 2-3-18 是微米级微球分散体系通过孔径 10 μm 核孔膜的过滤体积与过滤时间关系。

从图中可以看出，不同矿化度时，微球通过核孔膜的过滤速率略有差异，当矿化度较高时，微球并没有失去封堵特性。当矿化度为 50 000 mg/L 时，微球对核孔膜依然具有很好的封堵性能，甚至优于低矿化度的微球分散体系。这可能是由于盐的加入使微球的粒径有所减小，本身微米级微球粒径较大，粒径适当减小反而增强了微球与核孔膜的匹配性。这进一步说明交联聚合物微球具有良好的抗盐稳定性。

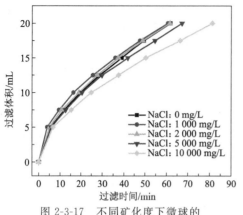

图 2-3-17　不同矿化度下微球的
过滤体积与过滤时间关系(纳米级微球)

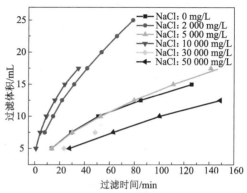

图 2-3-18　不同矿化度下微球的
过滤体积与过滤时间关系(微米级微球)

(3) 矿化度对毫米级微球封堵性能的影响。

为了考察矿化度对大尺度弹性微球封堵性能的影响,分别用去离子水、永 8-7 块的注入污水与矿化度为 $20×10^4$ mg/L 的水配制微球分散体系,毫米级弹性微球质量分数均为 1%,置于 85 ℃下溶胀 5 d 后,对其膨胀倍数和突破压力进行测定。

① 不同矿化度下微球的膨胀倍数。

配方 1 制得微球在不同矿化度分散液中膨胀倍数,如图 2-3-19 所示。由图中曲线可知微球在永 8 注入污水和 $20×10^4$ mg/L 矿化度的水中的吸水能力较其在去离子水中的吸水能力差。这是由于其结构中含有的亲水性的酰胺基(—CONH$_2$)在水中发生水解之后,电离出的离子使得微球内外产生渗透压,当外界水中也含有电解质时,渗透压减小,导致吸水能力下降。由于聚丙烯酰胺在水中较少发生水解,因而,微球的吸水能力受外界盐浓度影响较小。

② 不同矿化度下微球的突破压力。

图 2-3-20 为配方 1 微球在不同矿化度分散液中的突破压力。实验结果表明微球在永 8 注入污水和 $20×10^4$ mg/L 矿化度的水中的突破压力较其在去离子水中的突破压力略低,矿化度高,突破压力下降不大,在矿化度为 $20×10^4$ mg/L 的水中有较好的稳定性。这表明微球的突破压力受外界盐浓度影响较小。

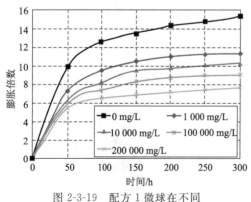

图 2-3-19　配方 1 微球在不同
分散液的膨胀倍数

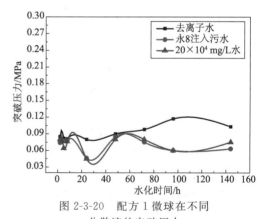

图 2-3-20　配方 1 微球在不同
分散液的突破压力

4. 微球的抗剪切稳定性

根据 ESR 谱研究确认聚合物的机械降解是一自由基反应过程。外界施加的机械能传递给聚合物分子链时,在聚合物分子链内产生内应力,当此应力足以克服 C—C 键断裂的活化能时,会导致聚合物分子链断裂,形成聚合物链自由基,进而引发聚合自由基化学反应,使聚合物的相对分子质量和分子结构发生变化,交联聚合物微球内部发生这些变化时势必会影响其溶胀性能。

利用最优配方制得三元共聚物弹性微球进行抗剪切性能测定,结果如图 2-3-21 所示。水溶液中微球分别在 0 r/min、6 000 r/min、10 000 r/min、14 000 r/min、18 000 r/min、22 000 r/min 速率下进行剪切实验测试,其粒度分布最高值均在 85 μm 左右,且 6 条粒度分布曲线基本重合,没有明显差异。这表明微球在水中溶胀后粒径不会随着剪切速率的变化而发生改变,剪切作用并没有使微球的结构发生改变,即弹性具有良好的抗剪切特性,这与微球本身是一种球形结构有关,球形结构受到剪切作用时,剪切很难对其结构产生影响。

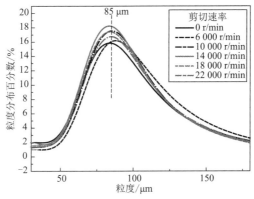

图 2-3-21 不同剪切速率下微球粒度分布曲线

(溶液温度:30 ℃;微球质量浓度:20 mg/L)

5. 微球的长期稳定性

在油田的实际应用中微球的长效性至关重要,可采用封堵率实验来评价微球的长期稳定性。利用放置于 85 ℃烘箱中 3 个月与 5 d 的弹性微球溶液做填砂岩心试验,条件同前,对比实验结果见表 2-3-4。

从表中数据可以看出,放置 3 个月后微球的封堵率为 54.96%,其封堵强度保持率高达 90.7%,说明微球具有很好的长期热稳定性,可满足油田实际生产需求。

表 2-3-4 不同水化时间的微球封堵率实验结果

岩心编号	水化时间	封堵前渗透率/μm^2	封堵后渗透率/μm^2	注入量/(mg·L^{-1})·PV	封堵率/%
2#	5 d	2.26	0.89	5 000×0.5	60.62
3#	90 d	2.42	1.09	5 000×0.5	54.96

6. 微球的黏弹性

弹性微球是一种新型高分子材料,黏弹性是决定其能否用于油藏深部调驱的重要特性。为此,基于高分子材料理论,利用 RheoStress600 型旋转流变仪(HAAKE 公司)和 M5600 型流变仪(Grace公司)分别测试了弹性微球的蠕变-恢复特性(静态黏弹性)和不同振荡频率、温度下黏性模量和弹性模量的变化规律(动态黏弹性)。

(1) 蠕变-恢复特性。

实验时,首先给弹性微球样品施加1.0 Pa的恒定剪切应力进行振荡扫描,得到弹性微球的线性黏弹性区,即蠕变过程;随后撤除剪切应力,记录弹性微球应变随时间的变化,即恢复过程。弹性微球的蠕变-恢复曲线(图2-3-22)分为5个阶段:① 瞬时蠕变阶段(AB),弹性微球在恒定应力作用下发生瞬时蠕变,其主结构单元之间的连接发生弹性拉伸,具有瞬时柔量,其值为15.8 kPa^{-1};② 时间依赖的推迟弹性蠕变阶段(BC),具有推迟弹性柔量(J_R),其变量值为1.4 kPa^{-1};③ 线性蠕变阶段(CD),具有稳态柔量。④ 瞬时弹性恢复阶段(DE),恒定应力撤除后,弹性微球发生恢复,具有瞬时弹性恢复柔量,其变化值为15.8 kPa^{-1};⑤ 推迟弹性恢复阶段(EF),对应于蠕变过程的推迟弹性蠕变阶段(BC)。蠕变后恢复的程度用可恢复柔量(J_{OR})来衡量,其值为17.0 kPa^{-1},而后基本保持在这一水平(FG)。

在恒定的剪切应力作用下,弹性微球产生瞬时变形,然后随时间连续变形。瞬时变形是弹性微球的弹性响应,依赖于时间的变形是弹性微球的黏性响应,即弹性微球的黏弹性。瞬时柔量很大,说明弹性微球具有良好的弹性,同时推迟弹性柔量、稳态柔量不为零,说明弹性微球具有一定的黏性。应力消除后,瞬时弹性变形立即恢复,推迟弹性变形则以递减的速率逐渐恢复,并基本恢复到初始状态。整个蠕变-恢复过程表明,弹性微球具有良好的黏弹性。

(2) 动态模量。

实验时,首先对弹性微球样品进行应力扫描(频率为1 Hz),测量弹性模量、黏性模量随温度的变化规律,然后进行频率扫描,研究弹性模量、黏性模量随频率的变化规律。由弹性与黏性模量随温度的变化(图2-3-23)可以看出,随着温度升高,黏性模量和弹性模量均减小,弹性微球的黏性模量随温度的变化率大于其弹性模量随温度的变化率,这说明弹性微球的黏性对温度更敏感。与25 ℃相比,在175 ℃高温下弹性模量与黏性模量仍然保持在较高的水平,高温下仍具有一定的黏弹性。

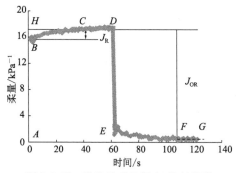

图2-3-22　弹性微球的蠕变-恢复曲线

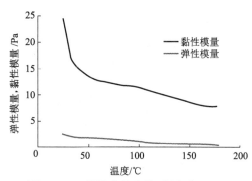

图2-3-23　随温度的变化(频率为1 Hz)

由弹性与黏性模量随频率的变化(图2-3-24)可见:在温度为25 ℃、频率为0.1~8 Hz的条件下,弹性微球的弹性模量和黏性模量均呈线性增加;当频率为1 Hz时,弹性模量为5.8 Pa,黏性模量为44 Pa,说明弹性微球具有良好的黏弹性。

图2-3-25是弹性微球在30℃,1%体积分数下,溶液表征结构恢复速度随不同溶液的变化曲线。从图中可以看出,微球的表征结构恢复速度较快,溶液质量浓度为0.714 5 g/L,好

于聚合物溶液和凝胶溶液的弹性。

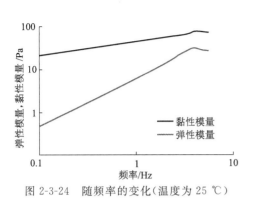

图 2-3-24 随频率的变化(温度为 25 ℃)

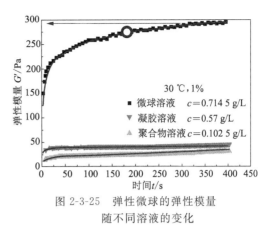

图 2-3-25 弹性微球的弹性模量
随不同溶液的变化

(3) 弹性测试。

本次实验采用英国 Stable Micro Systems 公司 TA. XT Plus 质构仪测试弹性微球的黏性和弹性。

黏性指的是黏附性,与流体的黏度是两个不同概念。这里有两个相关参数,一个是黏力,另一个是黏性。黏力指的是样品脱离测试探头所需的最大力(即 Y 轴负向最大值,单位为 g);黏性指的是样品脱离测试探头所需的功(即 Y 轴负向与 X 轴形成的面积,单位为 mJ)。

弹性是样品的恢复能力,也有两个相关参数,一个是弹性,另一个是弹性指数。弹性指样品受到压缩后恢复的高度(即第一循环形变到第二循环实际出发位的距离,单位为 mm);弹性指数指弹性与目标距离的比值,正常状况下应该是一个 0~1 之间的数,无单位。

对于弹性球形测试,考虑到样品尺寸及其他情况,与凝胶有些区别,选择 4~5 mm 直径的弹性微球 TPA 测试。TPA 本身是一个默认两次压缩的测试;触发点为 5 g,目标距离为 2 mm,测试速度为 0.5 mm/s,预测试速度为 2.0 mm/s。测定结果见表 2-3-5,图 2-3-26 为弹性微球弹力随时间变化曲线。

表 2-3-5 弹性微球弹力随时间变化结果表

实验次数	第一循环硬度/g	压缩功循环/mJ	可恢复功循环/mJ	黏力/g	黏性/mJ	弹性/mm	弹性指数
1	101.5	0.58	0.58	1.0	0.01	1.96	0.98
2	114.5	0.63	0.62	1.0	0.01	1.90	0.95

7. 微球-表面活性剂二元复合体系的性能

(1) 油水界面张力。

微球-表面活性剂二元复合体系如果能够将油水界面张力降至 0.01 mN/m,那么就可以提高复合体系的洗油效率。图 2-3-27 是东辛污水配制的不同浓度的 SD-310 微球-石油磺酸盐复合体系与东辛原油间界面张力。

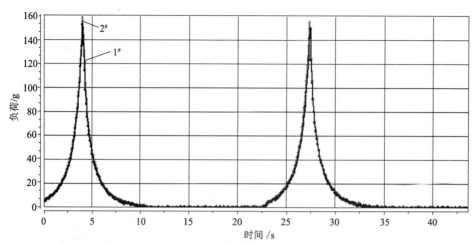

■ 数据组 1#：球形凝胶 1/20141209-tpa/2 负荷（g）
◆ 数据组 2#：球形凝胶 1/20141209-tpa/3 负荷（g）

图 2-3-26　弹性微球弹力随时间变化曲线

从图中可以看出当石油磺酸盐的质量分数固定在 0.3％时，不同质量浓度（0、500、1 000、2 000 mg/L）的微米微球对原油界面张力影响不同。随微米微球浓度增加，油水界面张力降低，微米微球浓度为 2 000 mg/L 时，界面张力降至 0.01 mN/m 左右，达到了低界面张力的要求。

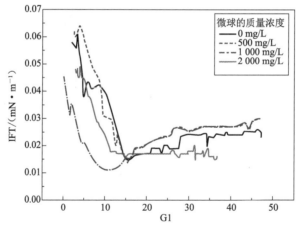

图 2-3-27　微米微球-石油磺酸盐复合体系与原油间的界面张力

（2）封堵性能。

100 mg/L 的微米微球与不同浓度表面活性剂组成的复合体系通过 3 μm 核孔膜的过滤质量与过滤时间的关系如图 2-3-28 所示。从图中可以看出石油磺酸盐对微球分散体系的封堵性能影响较小，微球与表面活性剂组成的复合调驱体系可以对核孔膜形成有效封堵。

上述实验结果表明，弹性微球与表面活性剂组成的复合驱油体系既可以降低油水界面张力，又可以起到封堵作用。即二元复合体系既可以提高洗油效率，又可以提高波及系数，从而更有效地提高水驱后油藏的采收率。

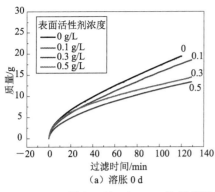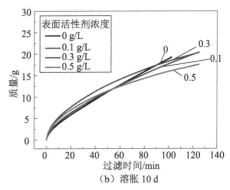

图 2-3-28 100 mg/L 微米微球过滤质量与表面活性剂浓度关系

三、冻胶微球复合体系性能评价

1. 复合体系实验

通过在室内建立平面模型实验,明确冻胶+微球复合体系调驱性能,为现场应用提供参考。

(1)实验模型。

实验模型:平板填砂模型本体尺寸为 50 cm×50 cm×3.8 cm,模型对角线上布置测压点 6 个,布置饱和度测试点 36 个;大孔道设置:大孔道体积占模型总体积的 1/7,渗透率级差为 5;在模型 A 端注入调驱剂,E 端采出流体(图 2-3-29)。

注入参数:注冻胶速度为 8 mL/min,注微球速度为 6 mL/min,注水速度为 12 mL/min。实验用水为永 8 污水;配置的模拟油为 85 ℃下黏度 25 mPa·s。

段塞注入方式:第一段塞为封堵剂,主要成分

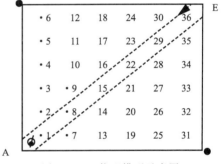

图 2-3-29 物理模型示意图

为冻胶,由聚合物和交联剂组成;0.3%(质量分数)SD-201 聚合物,0.2%(质量分数)SD-107 交联剂。第二段塞为调驱剂,主要成分为 320 微球;SD-320 微球,膨胀 14 d,注入浓度 0.5%。

约束条件:冻胶 0.5 倍大孔道体积,微球 0.3 PV;实验温度为 85 ℃;孔隙体积 2 600 mL。

(2)实验步骤。

采用不同目数的石英砂充填平面实验模型,模型主体渗透率约为 $1\,000×10^{-3}\,\mu m^2$,高渗透条带渗透率为 $5\,000×10^{-3}\,\mu m^2$,级差保持在 1∶5,高渗透条带占总模型总体积的 14%。实验步骤为:

① 模型制作完成后,以 12 mL/min 的速度水驱,测试水驱压力、渗透率、孔隙体积。注水并检测空模型的密闭性。

② 确定模型密封合格后,饱和油,测试原始含油饱和度,饱和后老化 24 h。

③ 在地层温度下以 12 mL/min 的速度水驱油,驱替至含水 95% 时结束水驱。

④ 以 8 mL/min 排量注入 0.5 倍大孔道体积的冻胶。

⑤ 冻胶注入后,在 85 ℃下恒温 48 h。

⑥ 以 6 mL/min 排量注入 0.3 倍大孔道体积的微球。

⑦ 以 12 mL/min 排量后续注水至含水 95% 后,停止实验;记录岩心管的含水量、含油量,计算采收率。

通过调剖过程流场压力、饱和度动态变化分析,确定调剖剂成胶位置、运移方式和形态,评价复合体系的性能。

2. 实验结果及分析

(1)压力场分析。

图 2-3-30 为复合体系调驱全过程各点压力随注入孔隙体积变化关系曲线。由图可知:水驱油阶段(0~1.6 PV),各点压力均遵循常规水驱油压力变化规律,即先上升后逐渐下降至稳定的趋势。随着冻胶的注入(1.6 PV~1.7 PV),压力逐渐上升,这是由未成胶调剖剂黏度上升造成的。冻胶注入放置成胶后,压力和强度大大增加,并在注微球初期显著体现出来。在注微球阶段(1.7 PV~2.0 PV),压力急剧上升,这是冻胶成胶后带来的必然结果;随着微球向低渗透层运移,压力逐渐减小至平稳。在后续水驱阶段,由于冻胶封堵大孔道作用明显,注入水受阻发生绕流,压力较大;当波及体积不断扩大时,低渗透层剩余油不断启动,压力开始大幅度下降,最终达到较低的平衡值,此时整个模型压差较小,渗流动力不足,采收率不再提高。

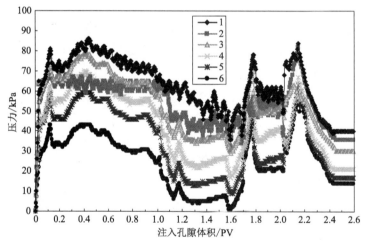

图 2-3-30　复合体系调驱全过程各点压力随注入孔隙体积变化关系曲线
1—图 2-3-29 中 1 号测点;2—图 2-3-29 中 8 号测点;3—图 2-3-29 中 13 号测点;
4—图 2-3-29 中 31 号测点;5—图 2-3-29 中 15 号测点;6—图 2-3-29 中 36 号测点

(2)饱和度场分析。

图 2-3-31 是复合体系调驱饱和度动态波及图。图(a)为水驱 0.6 PV 时的饱和度分布图,此时综合含水 67.3%,采出程度 26.8%;图(b)为水驱至 1.48 PV 时的饱和度分布图,此时综合含水 95.1%,采出程度 35.81%;图(c)为注入冻胶 0.5 倍大孔道体积后的饱和度分布图,此时综合含水 94.48%,采出程度 36.29%;图(d)为注微球结束时的饱和度分布图,此时综合含水 89.62%,采出程度 45.50%,累计注入流体 1.88 PV;图(e)为后续水驱至 0.42 PV 时的饱和度分布图,此时综合含水 95.1%,采出程度 49.86%,累计注入流体 2.3 PV。

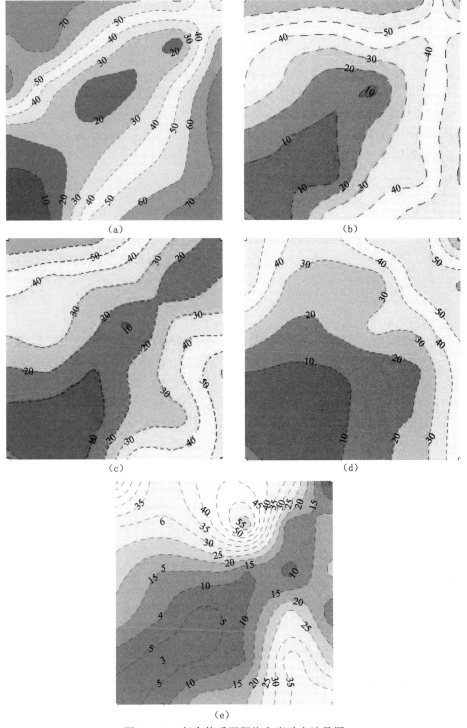

图 2-3-31 复合体系调驱饱和度动态波及图

从图 2-3-31 中可以看出,水驱时由于大孔道的存在,注入水沿着高渗透条带突进,窜流效应明显,两边低渗透基质储层存在大量的剩余油。水驱至含水 95% 时,低渗透层仍然赋存不少的剩余油,高渗透条带驱扫得相对干净,尤其是注入井附近含油饱和度降到 10% 以内。

冻胶注入后,主要分布于沿对角线的高渗透条带中,且成胶强度较大,在多孔介质中较为稳定,基本不动,较好地封堵了大孔道。近井附近的低渗透层含油饱和度略为降低,波及范围得到扩大。注微球结束后,微球黏度与水相似,主要起绕流和液流转向的作用,在低渗透层普遍分布;同时,冻胶前缘至产出端的高渗透条带内仍然分布有一定数量的微球,导致低渗透层的含油饱和度明显下降,至后续水驱结束时,低渗透层扩大波及体积和提高驱油效率的效果都比较明显。

实验结果表明冻胶选择性封堵能力较强,注微球结束时,低渗透层得到充分启动,残余油饱和度下降幅度明显,采收率增幅较高;由于微球充分发挥了扩大波及体积的作用,后续水驱时提高采收率的幅度和余地相对较小。

(3)产液分析。

在水驱油阶段,随着水驱的进行,产出液由油、水两相构成。油相逐渐减少,水相逐渐增加;在注冻胶阶段,由于成胶强度较大,有效地封堵在近井地带,产出端未见有冻胶或聚合物产出;在注微球阶段,由于微球注入量不太大(0.3 PV),产出端未见有微球产出;在后续水驱阶段,产出液主要由油、水两相构成,有少量微球产出,未见冻胶产出,主要是因为在后续水不断顶替过程中,部分微球开始产出,而冻胶稳定成胶存在于多孔介质中。

(4)含水与采收率分析。

图 2-3-32 为平面非均质模型复合体系调驱含水率随注入 PV 数变化关系。从图中可以看出,当大孔道体积占总体积 1/7,大孔道与基质渗透率级差为 5 时,随着水驱的进行,采出端含水逐渐上升,当水驱 1.48 PV 后含水达到 95%。注冻胶和微球阶段含水明显下降,封堵和调驱作用显著,含水最低下降至 73.04%,降幅为 22%,且注冻胶后期含水下降最为明显。在后续水驱阶段,含水上升较快,后续注水仅 0.42 PV 含水就返至 95%,说明后续水驱阶段驱替效果有限。

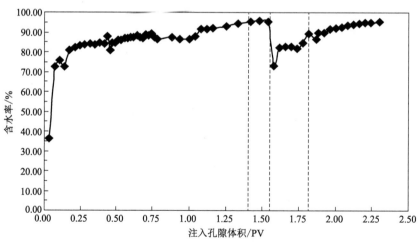

图 2-3-32　含水率与注入孔隙体积关系曲线

图 2-3-33 是平面非均质模型复合体系调驱采出程度随注入 PV 数变化关系。可以看出,当水驱 1.48 PV 后采出程度达到 35.81%。注冻胶和微球阶段采出程度达到 45.50%,增幅为 9.69%,且注微球阶段采收率增幅最大。在后续水驱阶段,采出程度增幅为 4.36%,最终采收率为 49.86%,说明后续水驱阶段提高采收率效果有限。

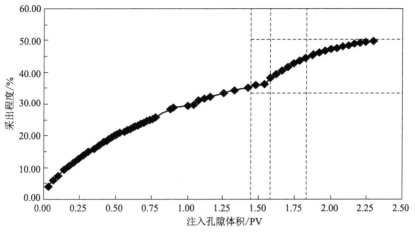

图 2-3-33 采出程度与注入孔隙体积关系曲线

    实验结果表明,冻胶注入后有效封堵了大孔道,迫使后续液流转向,基质残余油得到了充分波及。但由于微球黏度和水相比,在冻胶有效封堵大孔道的基础上,充分发挥了扩大波及体积的主体作用,使得后续注水时效果不明显。

第三章

弹性微球深部调驱机理研究

微球被注入地层后，以分散的球状颗粒形态广泛分布于油藏岩石孔隙中。在近井地带，微球的滞留能够封堵大孔道或喉道使水绕流；在油层深部，微球在孔隙内滞留，堵塞孔隙通道，具有深部液流转向作用。本章基于弹性微球体系的突破压力梯度的调驱特性，从理论上研究微球在多孔介质中的运移规律，为分析微球深部调驱机理奠定理论基础。

第一节 弹性微球粒径及强度

一、微球粒径分布理论

常见的单峰分布函数法有正态分布法和威布尔分布法，可从单峰分布函数的特征出发，通过特征对比及曲线拟合对微球粒径分布曲线的理论进行研究，以期待从理论上对微球粒径分布进行描述。

1. 正态分布

正态分布的概率密度函数为：

$$f(x) = \frac{1}{\sigma\sqrt{2\pi}}\exp\left[-\frac{1}{2\sigma^2}(x-\mu)^2\right] \quad (-\infty < x < +\infty) \tag{3-1-1}$$

式中 f——正态分布概率密度函数；

μ,σ——常数，$\sigma > 0$。

图 3-1-1 为 $\mu = 60$，$\sigma^2 = 90$ 时的正态分布曲线。

2. 威布尔分布

威布尔分布的概率密度函数为：

$$f(x,\alpha,\beta) = \frac{\alpha}{\beta}(x-\delta)^{\frac{1}{\alpha}}\exp\left[-(x-\delta)^\alpha/\beta\right] \quad (x \geqslant \delta) \tag{3-1-2}$$

式中 f——威布尔分布概率密度函数；

δ——位置参数，$\delta \geqslant 0$；

α——形状参数，$\alpha > 1$；

x——样品数；

β——尺度参数，$\beta > 0$。

图 3-1-2 为 $\alpha = 1.3$，$\beta = 240$，$\delta = 25$ 时的威布尔分布曲线。

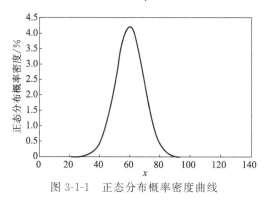

图 3-1-1　正态分布概率密度曲线

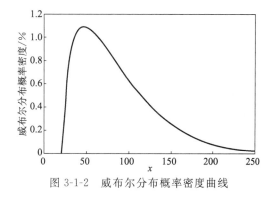

图 3-1-2　威布尔分布概率密度曲线

3. 微球粒径分布理论函数

微球粒径分布具有单峰分布特征，它与正态分布和威布尔分布概率密度曲线特征基本相似，更好地服从威布尔分布特征。下面对 $50 \sim 100~\mu m$ 的微球样品的粒径累积分布按照威布尔分布累积概率密度函数进行拟合，以得到该微球样品的累积粒径分布函数。

威布尔分布的累积概率密度函数为：

$$F(x) = 1 - \exp[-(x-\delta)^{\alpha}/\beta] \tag{3-1-3}$$

移项，两边取自然对数可得：

$$\frac{(x-\delta)^{\alpha}}{\beta} = -\ln[1 - F(x)] \tag{3-1-4}$$

两边再取自然对数并整理可得：

$$\ln(x-\delta) = \frac{1}{\alpha}\ln\beta + \frac{1}{\alpha}\ln[-\ln(1-F(x))] \tag{3-1-5}$$

令 $Y_i = \ln(x_i - \delta_0)$，$A = \frac{1}{\alpha}\ln\beta$，$B = \frac{1}{\alpha}$，$X_i = \ln[-\ln(1-F(x))]$，则上式可变换为：

$$Y_i = A + BX_i \tag{3-1-6}$$

函数拟合步骤为：

（1）取 δ 的初值为 δ_0，按照最小二乘法求出 A 和 B，进而得到 α_0 和 β_0。

（2）由 $M_j = \sum\limits_{i=1}^{n}[x_i - \delta_j - \sqrt[\alpha_j]{\beta_j(-\ln(1-F(x_i)))}]$ 计算误差平方和 M_0，其中 $M_0 = M(\delta_0, \alpha_0, \beta_0)$。

（3）根据 $\delta_1 = \frac{1}{n}\sum\limits_{i=1}^{n}[x_i - \sqrt[\alpha_j]{\beta_j(-\ln(1-F(x_i)))}]$ 求得 δ_1，重新运用最小二乘法求解 α_1 和 β_1，并计算 M_1。如此反复迭代，直至 $M = M(\delta, \alpha, \beta)$ 最小。

最终得到拟合参数 $\alpha = 1.98$，$\beta = 1~843.669$，$\delta = 22.649$，于是得到 $50 \sim 100~\mu m$ 微球样品的粒径累积分布函数为：

$$F(d) = 1 - \exp\left[-(d - 22.649)^{1.98}/1\,843.669\right] \qquad (3\text{-}1\text{-}7)$$

式中　d——微球直径，μm。

实验测得的微球粒径分布数据为微球在该区间上的百分数，而微球在区间 $[d_i, d_{i+1}]$ 上的百分数又可用其累积分布差值 $F(x_{i+1}) - F(x_i)$ 来描述，因此可以得到累积分布及微球粒径分布的拟合结果，如图 3-1-3 和图 3-1-4 所示。

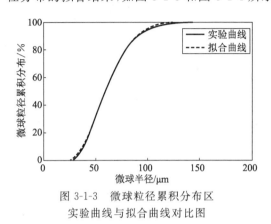

图 3-1-3　微球粒径累积分布区
实验曲线与拟合曲线对比图

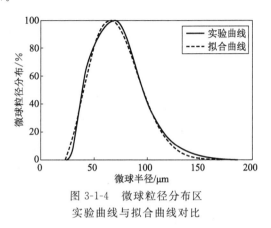

图 3-1-4　微球粒径分布区
实验曲线与拟合曲线对比

对储层岩石孔喉的描述，目前用的分布函数有正态分布、对数正态分布、瑞利分布、截断正态分布和威布尔分布函数。由此可见，弹性微球粒径与储层岩石孔喉分布具有相同的特征，这是进行微球直径和储层参数匹配关系研究的基础，是微球调驱取得良好效果的前提。

二、微球的弹性和强度理论

1. 弹性微球体系特征

根据油藏主力层孔隙直径，采用微乳液聚合、乳液聚合技术合成大小可控、水化速度可调、具有较好变形性能的聚合物微球体系作为深部调剖剂。聚合物微球体系的主要特征如下：

（1）不受污水水质的影响。

聚合物微球体系在矿场应用时仅用污水对聚合物胶乳进行稀释即可注入地层，在进入油藏的过程中，聚合物微球逐渐溶胀，不存在化学反应，因此污水水质对聚合物微球体系的性能基本没有影响。

（2）聚合物微球大小、变形性可控。

聚合物微球的平均直径在几百纳米至几十微米范围内可控，并且微球的溶胀速度和变形性可调。根据不同地层的实际渗透率和孔喉半径，可生产不同大小、不同变形性的微球体系，通过适当调整注入浓度和注入速度，可有效解决严重水窜通道的封堵、较低渗透率地层的过度封堵及注入压力过高的问题。通过对微球变形性的调整、控制，可以有效解决微球堵塞与深入地层的矛盾，调整该体系的调剖、驱油的整体性能，取得更好的效果。聚合物微球外部为阴离子型，可保证在水中稳定存在，并防止在地层吸附。进入地层后，由于地层水的作用，微球发生膨胀；同时由于微球内部存在大量阳离子材料，膨胀程度比外部材料大，因此，阳离子材料外露，与相邻的微球外壳发生交联。阳离子与地层砂发生吸附、滞留，胶结材料具有弹性，能形成可控的封堵，在压力下可以突破，而不会被剪切。

（3）注入浓度可调。

聚合物微球体系的有效聚合物质量分数为 $20\%\sim25\%$，以聚合物微球形态存在，因此在矿场注入过程中可根据实际需要稀释、配制成不同质量浓度（$50\sim1\,200$ mg/L）的体系。通过调整注入浓度或注入速度，可使深部调剖技术更完善、效果更好。

在矿场应用中，聚合物微球体系在地面形成，可在工厂中进行大批量工业化生产，用污水配制并具有较好的油藏深部调剖性能。聚合物微球的大小、变形性可在几十纳米至几十微米范围内可控，充分溶胀后应具有交联聚合物线团的特性，以适应不同渗透率油藏的需要。聚合物微球体系的注入浓度可调，以适应不同油藏、不同阶段调剖的需要，取得最佳效果。

2. 弹性微球调驱临界粒径

油层孔隙可简化为由等径球形颗粒排列组成，孔隙在水平方向上按余弦曲线形式变化的变截面毛细管束（图 3-1-5）。

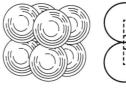

图 3-1-5 颗粒排列方式及
简化毛细管束分布图

调驱临界粒径的确定涉及复杂的三维变形，简单用理论是无法推导出来的。因为弹性微球刚开始接触三个多孔介质刚性球时是点接触，随着对弹性微球施加力，原来的点接触变成了面接触，而且微球的变形是一个内凹曲面（图 3-1-6）。

图 3-1-6 这样的受力情况不容易分析，如果假设三个刚性球作用给弹性微球的力均匀分布在弹性微球上（图 3-1-7），那么小球的变形就不再是图 3-1-6 所示的变形，从而可以根据弹性力学得到相应的应力及变形量。

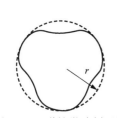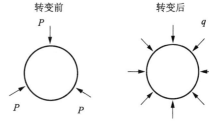

图 3-1-6 弹性微球剖面图　　　　图 3-1-7 假设示意图

假设微球的临界半径为 r，作用在小球上的均布力为：

$$q=\frac{3P}{2\pi r} \tag{3-1-8}$$

式中　P——作用在微球上的力，N；

　　　q——作用在微球上的均布应力，Pa；

　　　r——微球的半径，m。

根据弹性力学可以求得弹性微球内部的应力分布：

$$\sigma_r=\sigma_\varphi=q \tag{3-1-9}$$

式中　σ_r——微球径向的应力，Pa；

　　　σ_φ——为微球环向的应力，Pa。

根据应力破坏准则确定最大的内部应力，即

$$\sigma_{max}=\sigma_{\varphi max} \tag{3-1-10}$$

式中　σ_{rmax}——微球径向所受到的最大应力，Pa；

　　　$\sigma_{\varphi max}$——微球环向所受到的最大应力，Pa。

微球径向的弹性应变为：

$$\varepsilon_r = \frac{1}{E}(\sigma_r - \mu\sigma_\varphi) = \frac{1-\mu}{E}\sigma_r \tag{3-1-11}$$

$$\varepsilon_{rmax} = \frac{1}{E}(\sigma_{rmax} - \mu\sigma_{\varphi max}) = \frac{1-\mu}{E}\sigma_{rmax} \tag{3-1-12}$$

式中　ε_r——微球径向应变；

　　　ε_{rmax}——微球径向最大应变；

　　　E——微球材料的弹性模量，Pa；

　　　μ——微球材料的泊松比。

根据应变的定义：

$$\varepsilon_r = \frac{r-r_0}{r} \tag{3-1-13}$$

式中　r_0——孔喉的半径，m。

弹性微球的临界半径为：

$$r_{max} = \frac{r_0}{1-\varepsilon_{rmax}} \tag{3-1-14}$$

式中　r_{max}——微球的临界半径，m。

3. 微球临界粒径的影响

合适的弹性微球应该既能对孔隙实施有效封堵，又能在封堵的过程中不破碎。因此根据油藏的真实情况，配制出适当的弹性微球是非常重要的。

微球在形成有效封堵的同时，在一定压力下发生变形，从而穿过孔隙，继续运移，而且不会被剪切，因此具有多次工作能力和寿命长的特点。弹性微球的性能（如拉伸强度、弹性模量等）往往取决于加工条件。初始假定微球的弹性模量为 100 MPa，极限应力为 30 MPa，泊松比为 0.3。微球的参数见表 3-1-1。

表 3-1-1　微球参数

弹性模量/MPa	极限应力/MPa	泊松比
100	30	0.3

微球参数固定，计算不同孔喉直径下的临界粒径，见表 3-1-2。

表 3-1-2　不同孔径下的临界粒径

平均孔喉直径/μm	临界粒径/μm
3.3	4.2
5.7	7.2
7.3	9.2
10.4	13.2
15.0	19.0

续表

平均孔喉直径/μm	临界粒径/μm
23.0	29.1
36.0	45.6
46.0	58.2

不同孔喉直径下的临界粒径如图 3-1-8 所示。从图中可以看出,当微球的参数固定时,临界粒径与孔径呈线性关系,随着孔径(孔喉直径)的增大而增大。这是因为微球参数不变时,应变也是固定不变的,根据应变的定义,可以得出临界粒径与孔径呈正比关系。

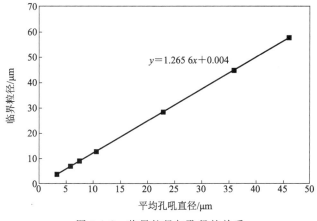

图 3-1-8 临界粒径与孔径的关系

孔径固定,假定为 10.4 μm,微球泊松比与极限应力不变,只有弹性模量发生变化时的临界粒径见表 3-1-3。

表 3-1-3 临界粒径与弹性模量的关系

弹性模量/MPa	应 变	临界粒径/μm
100	0.21	13.2
90	0.23	13.5
80	0.26	14.1
70	0.30	14.9
60	0.35	16.0
50	0.42	17.9
40	0.53	22.1
30	0.70	34.7

临界粒径与弹性模量的关系如图 3-1-9 所示。从图中可以看出临界粒径与弹性模量呈非线性关系,临界粒径随弹性模量的增大而减小。这是因为当孔径不变时,临界粒径与应变呈正比关系,即临界粒径随应变的增大而增大,而由应变与应力之间的本构关系可以看出,应变随弹性模量的增大而减小,从而可以得出临界粒径随弹性模量的增大而减小。

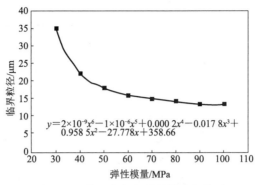

图 3-1-9　临界粒径与弹性模量的关系

孔径固定,假定为 10.4 μm,微球泊松比与弹性模量不变,弹性模量为 100 MPa,只有极限应力发生变化时的临界粒径见表 3-1-4。

表 3-1-4　临界粒径与极限应力的关系

极限应力/MPa	应　变	临界粒径/μm
10	0.07	11.18
20	0.14	12.56
30	0.21	13.16
40	0.28	15.00
50	0.35	16.62
60	0.42	18.62
70	0.49	21.18
80	0.56	24.55
90	0.63	29.19
100	0.70	36.00

临界粒径与极限应力的关系如图 3-1-10 所示。从图中可以看出临界粒径与弹性模量呈非线性关系,临界粒径随极限应力的增大而增大。这是因为,当孔径不变时,临界粒径与应变呈正比关系,即临界粒径随应变的增大而增大,而由应变与应力之间的本构关系可以看出,应变随极限应力的增大而增大,从而可以得出临界粒径随极限应力的增大而增大。

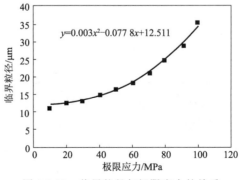

图 3-1-10　临界粒径与极限应力的关系

4. 微球的突破压力梯度

实际的地层多孔体系是一套宽窄孔隙串在一起的毛细网络,可采用变径管模拟储层大孔隙(图 3-1-11),测定毫米级弹性微球在变径管中运移时的突破压力。

图 3-1-12 为是毫米级微球突破压力测试装置图,从图中可以看出弹性微球连续通过变径孔喉时的形态变化,顺利通过孔喉之后微球在更大孔隙中又恢复成球形颗粒。这表明弹性微球可以在合适的变径孔隙中发生变形移动,从而起到深调驱作用。

进入变径管前　　　微球开始变形　　　微球变形通过　　　通过后又恢复成球形

图 3-1-11　微球在变径管中的变形情况

图 3-1-12　毫米级微球突破压力测试装置

将毫米级微球放在永 8 的注入污水中膨胀 3 d 以后,测试弹性微球连续通过变径管的突破压力。采用 2 mm 和 3 mm 的变径管测试突破压力,结果如图 3-1-13 所示。从图中可以看出,在相同条件下,膨胀后的微球通过 2 mm 的变径管的突破压力比通过 3 mm 的变径管高。

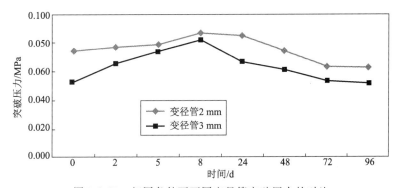

图 3-1-13　相同条件下不同变径管突破压力的对比

将不同粒径的弹性微球在永 8 注入污水中膨胀 3 d 后,以测试不同粒径的弹性微球通过不同变径管的突破压力。连续通过串联的 2 mm 和 1 mm 的变径管,测试其突破压力,结果见表 3-1-5。

表 3-1-5 2 mm＋1 mm 变径管的微球突破压力表

微球粒径	突破压力/MPa
2 mm	微球贴壁
3 mm	0.2
4 mm	0.25
5 mm	微球直径过大无法突破变径管

从表中数据可以看出,当微球的粒径偏小时,微球顺利通过孔喉,没有起到封堵作用;当微球的粒径过大时,堵在近井地带,到达不了深部。只有当微球的粒径和孔喉直径相匹配时,弹性微球才在孔喉发生变形移动,起到一定的封堵作用,且又能深入孔隙深处。因此,不同的孔喉需选择相匹配的微球进行调驱。

第二节 弹性微球调驱体系数学模型

聚合物微球具有固定的形状,是黏弹性固体,遇水膨胀后具有一定的黏弹效应,当压力达到一定程度后,可在弹性形变作用下通过喉道,继续向地层深部运移;遇到下一孔喉又发生封堵,压力再次上升,之后又穿过孔喉,发生突破,注入压力略降低,并在下一喉道处又恢复形状再次对水流产生阻力。微球就是通过"封堵—突破—运移—封堵"来达到地层深部孔喉封堵和改变流体方向的目的。

一、微球通过孔喉压降模型

根据张量分析的方法,综合考虑聚合物微球溶液在多孔介质中的储能与损耗以及多孔介质的孔喉比、孔隙因子等因素,推导各阶段弹性压降表达式和黏性耗散压降表达式,建立弹性微球溶液通过孔喉的压降数学模型。

将微球通过孔喉的过程分为三个阶段:Ⅰ,入口压缩阶段;Ⅱ,喉道通过阶段;Ⅲ,突破孔喉阶段。假设变截面孔喉直径分别为 D_1、D_2、D_3。当弹性微球溶液从大截面流道进入小截面流道时,流道界面突然收缩,使得流线形状发生变化,流线不平衡近似于一个锥形边界(图 3-2-1)。利用张量分析方法推导各阶段压降数学表达式。

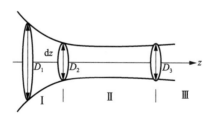

图 3-2-1 简化流线锥形边界模型

1. 入口压缩阶段

当聚合物微球溶液从大孔道进入喉道时,微球溶液的运移空间突然变窄,流线发生变形,使得微球内部分子链产生剪切形变和拉伸形变,相应的弹性能的储存及黏性损失导致入口压力损失 Δp_{ent}。其中入口压力损失包括微球溶液的黏性损耗引起的压力损失 Δp_{vl} 和弹

性效应储能引起的压力损失 Δp_{el}，即

$$\Delta p_{ent} = \Delta p_{vl} + \Delta p_{el} \tag{3-2-1}$$

微球溶液的黏性损耗引起的压降和弹性效应储能引起的压降分别满足以下关系式：

$$\pi r^2 dp_{vl} = \mu_v \gamma \cdot 2\pi r dz \tag{3-2-2}$$

$$\pi r^2 dp_{el} = \mu_e \zeta \cdot d(\pi r^2) \tag{3-2-3}$$

式中 r——锥形管半径，m；

μ_v——微球溶液的表观黏度，mPa·s；

μ_e——弹性黏度，mPa·s；

γ——剪切速率，s^{-1}；

ζ——弹性应变速率，s^{-1}。

因为聚合物溶液或者以聚合物为主剂的化学复合剂为非牛顿流体，其在截面不断变化的孔隙中流动特征不同于牛顿型驱油剂，渗流特征大都不遵循达西定律。大量实验研究表明，聚合物微球溶液表现出较强的黏弹性，其流变性符合幂律型模式，则微（纳）米级微球溶液在多孔介质中的运移符合幂律定律。

定义微球溶液入口收缩系数 $\alpha = \dfrac{dr}{dz}$，弹性应变速率 ζ 和平均速率 $\bar{v}$ 在 z 方向的梯度为：

$$\zeta = -\frac{d\bar{v}}{dz} = \frac{1}{2}\frac{4n}{3n+z}\gamma\frac{dr}{dz} = \frac{2n}{3n+1}\gamma\alpha \tag{3-2-4}$$

式中 n——微球个数，个。

弹性黏度满足关系式：

$$\mu_e = 2\gamma\theta_f\mu_v \tag{3-2-5}$$

式中 θ_f——聚合物微球溶液的特征时间，s。

将第一、二阶段连接处定义为 $z=0$，γ_w 为 $z=0$ 处的壁面剪切速率，则：

$$\gamma = \gamma_w(D_2/2r)^3 \tag{3-2-6}$$

将式（3-2-2）~式（3-2-6）联立，代入公式（3-2-1）得到入口收缩压降的微分表达式：

$$dp_{ent} = \frac{\mu_v\gamma_w D_2^3}{4\alpha}\frac{dr}{r^4} + \frac{n\alpha}{3n+1}\frac{\mu_v\gamma_w^2\theta_f D_2^6}{8}\frac{dr}{r^7} \tag{3-2-7}$$

定义入口收缩阶段孔喉比 $\lambda_1 = \dfrac{D_1}{D_2}$，对上述公式进行积分有：

$$\Delta p_{ent} = \frac{2}{3}\frac{\mu_v\gamma_w}{\alpha}\left(1-\frac{1}{\lambda_1^3}\right) + \frac{8n\alpha}{3n+1}\mu_v\gamma_w^2\theta_f\left(1-\frac{1}{\lambda_1^6}\right) \tag{3-2-8}$$

根据最小能量原理，聚合物微球溶液总沿着最小压力降的方向运移，公式（3-2-8）取最小值条件，得到入口收缩系数满足以下公式：

$$\alpha = \sqrt{\frac{3n+1}{3\theta_f\gamma_w}} \tag{3-2-9}$$

2. 喉道通过阶段

聚合物微球溶液经过入口收缩阶段后进入等截面喉道处，此阶段运移流线基本稳定，微球弹性储能不变，喉道通过阶段的压降 Δp_{th} 主要是黏性耗散引起的压力损失 Δp_{v2}，即

$$\Delta p_{th} = \Delta p_{v2} \tag{3-2-10}$$

而

$$\mathrm{d}p_{th} = 4\mu_v \gamma_w \mathrm{d}z / D_2 \tag{3-2-11}$$

等截面喉道长度是 L,定义孔隙因子 $\xi = \dfrac{L}{D_2}$ 为喉道长度与喉道直径的比值,对上式进行积分可得:

$$\Delta p_{th} = 4\mu_v \gamma_w \xi \tag{3-2-12}$$

即

$$\Delta p_{th} = \Delta p_{v2} = 4\mu_v \gamma_w \xi \tag{3-2-13}$$

3. 突破孔喉阶段

当聚合物微球溶液通过等截面孔喉后,突破孔喉进入大孔道中,流道的界面再次发生变化,则微球溶液运移的流线也发生变形,进入孔道的直径在不同程度上大于第二阶段的孔喉直径。此时为突破后膨胀效应或 Buras 效应,由于微球溶液随注入液在地层中的渗流速度非常慢,在通过孔喉时,因为在入口收缩阶段中形成的拉伸应力和剪切应力基本上得到松弛,故在挤出时弹性恢复是导致微球溶液膨胀的主要原因。

因此,在聚合物微球溶液被挤出孔喉的过程中,压降 Δp_{exit} 包括黏性耗散造成的压降 Δp_{v3} 和弹性恢复造成的压降 Δp_{e3},其中弹性恢复在微球溶液被挤出过程中做正功,即

$$\Delta p_{exit} = \Delta p_{v3} - \Delta p_{e3} \tag{3-2-14}$$

聚合物微球溶液的黏性耗散造成的压降 Δp_{v3} 公式为:

$$\pi r^2 \mathrm{d}p_{v3} = \mu_v \gamma 2\pi r \mathrm{d}z \tag{3-2-15}$$

$$\mathrm{d}p_{v3} = \frac{2\mu_v \gamma}{r} \frac{1}{-\dfrac{\mathrm{d}r}{\mathrm{d}z}} \mathrm{d}r \tag{3-2-16}$$

令 $\alpha' = -\dfrac{\mathrm{d}r}{\mathrm{d}z}$,为出口扩散系数:

$$\mathrm{d}p_{v3} = \frac{2\mu_v \gamma}{r} \frac{1}{\alpha'} \mathrm{d}r \tag{3-2-17}$$

对上式积分可得:

$$p_{v3} = \frac{2\mu_v \gamma_w}{3} \frac{1}{\alpha'} \left(1 - \frac{1}{\lambda_1^3}\right) \tag{3-2-18}$$

聚合物微球溶液弹性恢复造成的压降为 Δp_{e3},考虑毛细管流动中剪切场的微元分析以及挤出膨胀倍数 B、剪切应力 σ_w 和第 1 法向应力差(N_1)的定义有:

$$N_1 = \sigma_w (B^4 - 1)^{\frac{1}{2}} \tag{3-2-19}$$

Carreau 提出:

$$N_1 = (1 + \beta)\Delta p_{e3} \tag{3-2-20}$$

联立公式(3-2-19)和式(3-2-20)得到弹性恢复压降微分表达式:

$$\mathrm{d}p_{e3} = \frac{2(B^4 - 1)^{\frac{1}{2}}}{1 + \beta} \frac{\mu_v \gamma_w}{\alpha'} \frac{\mathrm{d}r}{r} \tag{3-2-21}$$

式中 β——待定系数。

对公式(3-2-21)积分可得:

$$p_{e3} = \frac{2}{3} \frac{(B^4-1)^{\frac{1}{2}}}{1+\beta} \frac{\mu_v \gamma_w}{\alpha'} \left(1 - \frac{1}{\lambda_3^3}\right) \tag{3-2-22}$$

联立式(3-2-14)、式(3-2-18)和式(3-2-22)可得：

$$p_{exit} = \frac{2}{3} \left[1 - \frac{(B^4-1)^{\frac{1}{2}}}{1+\beta}\right] \frac{\mu_v \gamma_w}{\alpha'} \left(1 - \frac{1}{\lambda_3^3}\right) \tag{3-2-23}$$

式中，$\lambda_3 = \dfrac{D_3}{D_2}$ 为出口孔喉比。

至此微球通过孔喉过程三个阶段的压降模型已成功推导出来，接下来推导整个过程的压降模型。综合公式(3-2-1)、公式(3-2-10)和公式(3-2-14)得到聚合物微球溶液通过变截面喉道的总压降表达式 Δp_{eff}：

$$\Delta p_{eff} = \Delta p_{ent} + \Delta p_{th} + \Delta p_{exit} \tag{3-2-24}$$

将公式(3-2-8)、(3-2-13)、(3-2-23)代入公式(3-2-24)可得：

$$\Delta p_{eff} = \frac{2}{3} \frac{\mu_v \gamma_w}{\alpha} \left(1 - \frac{1}{\lambda_1^3}\right) + \frac{8n\alpha}{3n+1} \mu_v \gamma_w^2 \theta_f \left(1 - \frac{1}{\lambda_1^6}\right) + 4\mu_v \gamma_w \xi +$$
$$\frac{2}{3} \left[1 - \frac{(B^4-1)^{\frac{1}{2}}}{1+\beta}\right] \frac{\mu_v \gamma_w}{\alpha'} \left(1 - \frac{1}{\lambda_3^3}\right) \tag{3-2-25}$$

公式(3-2-25)中三个阶段的黏性耗散引起的压降损失 Δp_v 和弹性特征引起的压降损失 Δp_e 分别为：

$$\Delta p_v = \frac{2}{3} \frac{\mu_v \gamma_w}{\alpha} \left(1 - \frac{1}{\lambda_1^3}\right) + 4\mu_v \gamma_w \xi + \frac{2}{3} \frac{\mu_v \gamma_w}{\alpha'} \left(1 - \frac{1}{\lambda_3^3}\right) \tag{3-2-26}$$

$$\Delta p_e = \frac{8n\alpha}{3n+1} \mu_v \gamma_w^2 \theta_f \left(1 - \frac{1}{\lambda_1^6}\right) + \frac{2}{3} \left[1 - \frac{(B^4-1)^{\frac{1}{2}}}{1+\beta}\right] \frac{\mu_v \gamma_w}{\alpha'} \left(1 - \frac{1}{\lambda_3^3}\right) \tag{3-2-27}$$

公式(3-2-26)、式(3-2-27)为聚合物微球溶液在多孔介质中黏弹性本构模型的基本方程，该模型综合考虑了微球溶液的弹性恢复、特征时间、幂律指数、地层的孔隙因子、孔喉比等因素。

二、弹性微球封堵数学模型

聚合物微球体系在孔隙介质中的渗流过程与深层过滤和稳定乳状液在孔隙介质中的渗流过程有很多相似之处，因此在建立聚合物微球体系深部调剖数学模型时，在聚合物微球体系室内实验研究成果的基础上，参考了深层过滤和稳定乳状液的渗流机理和数学模型。

1. 连续性方程

三维三相连续性方程为：

$$-\nabla \cdot \left(\frac{\rho}{B} \boldsymbol{u}\right) - Q_m = \frac{\partial}{\partial t} \left(\frac{\rho \phi S}{B}\right)_m \tag{3-2-28}$$

式中　m——可分别表示油、水和气；

　　　$\boldsymbol{u}$——渗流速度，m/s.

　　　Q_m——注入聚合物的量，cm^3/s；

　　　t——时间，s；

　　　ρ——油(或水、气)相的密度，g/cm^3；

B——体积系数，m^3/m^3；

ϕ——孔隙度；

S——饱和度。

模型中源（注入）和汇（产出）的大小强弱通过井的流速来分配。该连续性方程是黑油模型，所描述的孔隙介质中的多相流未考虑碳氢化合物流体的成分变化，假设液态烃相只由两个组分组成，即油和溶解气，气相只由自由烃类气体组成。液体相态可以由 p、V、T 来表示，而 p、V、T 只是压力的函数。

2. 聚合物微球和交联聚合物线团的物理特性

模型中所模拟的聚合物微球和交联聚合物线团的物理特性和现象包括黏度、吸附/滞留、渗透率降低和大分子的不可及孔隙体积等。

聚合物浓度对溶液黏度的影响用二阶或三阶多项式来模拟：

$$\mu_p = \mu_w + \alpha_1 C_p + \alpha_2 C_p^2 + \alpha_3 C_p^3 \qquad (3\text{-}2\text{-}29)$$

式中　α_1、α_2、α_3——二阶或三阶系数。

C_p——溶液质量浓度，g/L。

聚合物黏度与剪切速率的关系用 Meter 方程标识：

$$\mu_p = \mu_\infty + \frac{\mu_0 - \mu_\infty}{1 + \left(\dfrac{\dot{\gamma}}{\dot{\gamma}_{1/2}}\right)^{\theta-1}} \qquad (3\text{-}2\text{-}30)$$

式中　$\dot{\gamma}$——剪切速率，s^{-1}；

$\dot{\gamma}_{1/2}$——达到零剪切速率黏度一半时的剪切速率，s^{-1}；

μ_p——聚合物溶液的表观黏度，$mPa \cdot s$；

μ_∞——聚合物在无限剪切速率下的黏度，在模型中 μ_∞ 近似为水的黏度，$mPa \cdot s$；

μ_0——为零剪切速率黏度，$mPa \cdot s$；

θ——由实验确定的常数。

交联聚合物线团的黏度处理成与 Sorbie 等人相类似的方式，其中附加的立方项用于考虑在胶凝点处交联聚合物线团黏度的陡峭增大。

$$\mu_1 = \mu_w + \beta_1 C_1 + \beta_2 C_1^2 \qquad (C_1 \leqslant C_{gc}) \qquad (3\text{-}2\text{-}31)$$

$$\mu_1 = \mu_w + \beta_1 C_1 + \beta_2 C_1^2 + \beta_3 (C_1 - C_{gc})^3 \qquad (C_1 > C_{gc}) \qquad (3\text{-}2\text{-}32)$$

式中　β_1、β_2、β_3——系数；

C_1——聚合物质量浓度，mg/L；

C_{gc}——胶凝点处聚合物的质量浓度，mg/L。

3. 封堵数学模型

聚合物微球体系深部调剖机理的模拟，主要是对聚合物微球（线团）滞留及其封堵贡献机理的模拟。以往对凝胶放置的模拟，主要通过黏度和渗透率降低因子模拟微球对孔隙的堵塞作用，并且堵塞是不可逆的，同时，以前的模型未考虑滞留或封堵作用随着时间的变化。而低浓度交联聚合物的突出特点就是其流动性和封堵作用的可逆性以及封堵强度随着时间变化。

（1）滞留量计算模型。

$$\phi_1 \frac{dA_a}{dt} = C_a C_1 \left(1 - \frac{A_a}{A_{amax}}\right) \qquad (0 \leqslant A_a \leqslant A_{amax}) \qquad (3\text{-}2\text{-}33)$$

$$\phi_1 \frac{\mathrm{d}A_a}{\mathrm{d}t} = 0 \quad (A_a > A_{amax}) \tag{3-2-34}$$

$$\phi_1 \frac{\mathrm{d}A_r}{\mathrm{d}t} = C_r \left(1 - \frac{V}{V_{max}}\right) \times \left(1 - \frac{p_d}{p_{dmax}}\right) U C_1 \left(1 - \frac{A_r}{A_{rmax}}\right) \quad (0 \leqslant A_r \leqslant A_{rmax}) \tag{3-2-35}$$

$$\phi_1 \frac{\mathrm{d}A_r}{\mathrm{d}t} = 0 \quad (A_r > A_{rmax}) \tag{3-2-36}$$

$$A = A_a + A_r \tag{3-2-37}$$

式中　ϕ——聚合物活性微球(线团)的可及孔隙度,$\phi_1 = (1-\omega)\phi$,ω 为聚合物活性微球(线团)的不可及孔隙体积比。

A_a——某一时刻 t 的吸附量,cm^3;

C_a——实验吸附常数;

C_1——水相中的聚合物活性微球质量浓度,g/L;

A_{amax}——聚合物活性微球(线团)的最大吸附量,cm^3;

A_r——某一时刻 t 的机械滞留量,cm^3;

C_r——实验机械滞留常数;

V_{max}——解除滞留或不发生滞留的最低速度,m/s;

p_{dmax}——解除滞留的最低压力梯度,MPa/m;

U——聚合物活性微球体系的流量,cm^3/s;

A_{rmax}——聚合物活性微球(线团)的最大机械滞留量,cm^3,并且有 $A_{amax} < A_{rmax}$;

V——聚合物活性微球(线团)滞留速度,m/s;

p_d——聚合物活性微球(线团)滞留的压力梯度,MPa/m;

A——某一时刻 t 的总滞留量,cm^3。

当 $V \geqslant V_{max}$ 或 $p_d \geqslant p_{dmax}$ 时,机械滞留全部被解除,即机械滞留量为零,而吸附量是单调上升的,直到达到最大吸附量为止。

(2) 渗透率降低模型。

用聚合物微球(线团)滞留所引起的渗透率降低因子 RF 来模拟滞留所引起的封堵作用,这与实际情况是吻合的。在室内实验过程中发现,某处发生封堵时就表现出渗透率降低或不渗透。

$$k^{n+1} = k^n / RF \tag{3-2-38}$$

式中　k——绝对渗透率,$10^{-3} \mu m^2$;

n——时间步,s;

RF——渗透率降低因子。

渗透率降低因子为:

$$RF = 1 + R_c^A \tag{3-2-39}$$

式中　R_c——实验常数,表示聚合物微球(线团)滞留对渗透率降低因子贡献的大小;

A——总的滞留量,cm^3。

该封堵数学模型常采用有限差分数值方法把微分方程变成隐式差分格式。其计算步骤为:

① 采用显式差分格式,将方程(3-2-33)~(3-2-37)联立求解得到该时间步所有节点的总

滞留量 A，然后用方程(3-2-39)求渗透率降低因子 RF，再用方程(3-2-38)计算产生滞留后的等效渗透率，其中系数均采用显式处理方法。

② 吸附是净增的，只能增大而不能减小，按时间累积。

③ 机械滞留是可逆的，当线速度或压力梯度达到一定数值时，则滞留量减小为零，即机械滞留所引起的封堵被解除。

④ 线速度阈值的确定应考虑渗透率和孔隙度对封堵的影响，低渗透率和低孔隙度的介质其线速度和压力梯度的阈值高，机械滞留量大。

⑤ 通过 R_c 可以考虑聚合物线团分子的大小或吸附膜厚度的影响。

⑥ 通过 A_{amax}、A_{rmax}、V_{max} 和 p_{dmax} 等参数的分区赋值考虑地层非均质性对滞留和封堵作用的影响。

三、弹性微球运移数学模型

1. 微球渗滤数学模型

由于近井间的屏蔽作用，优势通道以相邻井间的主流线为主，且窜流通道较狭窄。因此，井间窜通可简化为井间一维流动过程，多井间窜通简化为多分支一维流动的联合叠加。

对于等速等截面一维流动，微球渗滤的连续性方程为：

$$-v\frac{\partial \varphi}{\partial x}=\frac{\partial \delta}{\partial t} \qquad (3\text{-}2\text{-}40)$$

式中　φ——微球分散体系的体积分数，%；

　　　x——渗滤距离，m；

　　　v——流动速度，m/min；

　　　δ——比截面流量，单位体积多孔介质截留微球的体积，即微球滞留体积与多孔介质外表总体积的比值，m^3/m^3。

当微球分散体系在多孔介质中渗滤时，固(微球)、液(水)两相发生梯度分离，微球逐步被多孔介质固着而在多孔介质中滞留，微球分散体系的体积分数是时间 t 和渗滤距离 x 的函数。

Iwasaki(1973 年)提出了微球分散体系的体积分数关系式：

$$\frac{\partial \varphi}{\partial x}=-\lambda \varphi \qquad (3\text{-}2\text{-}41)$$

式中　λ——渗滤系数，m^{-1}。

若存在如下定解条件：

$$\begin{cases} \varphi(x,t)\big|_{x=0}=\varphi_0 \\ \delta(x,t)\big|_{x=0}=0 \end{cases} \qquad (3\text{-}2\text{-}42)$$

式中　φ_0——微球分散体系的入口体积分数，%。

在渗滤开始时刻 $t=0$，对(3-2-41)积分可得：

$$\varphi(x,0)=\varphi_0 e^{-\lambda_0 x} \qquad (3\text{-}2\text{-}43)$$

上述关系表明，油藏在任意深度分离的微球的量与微球分散体系的局部微球体积分数有关，而且微球的体积分数随着其在油藏中渗滤距离的增加而减少。

渗滤系数的变化与微球滞留量的变化有着显著的相关性，Maroudas(1965 年)提出了渗流系数的计算公式：

$$\lambda = \lambda_0 \left(1 - \frac{\delta}{\delta_{max}}\right) \tag{3-2-44}$$

微球的最大滞留量可以通过如下公式计算：

$$\delta_{max} = \frac{\left[9L\int_{r_{c1}}^{r_{c2}} r^2 f(r)\,\mathrm{d}r + 4\,\bar{r}_p^3 \int_{r_{c1}}^{r_{c2}} f(r)\,\mathrm{d}r\right]\phi_0}{9L\int_{r_{min}}^{r_{max}} r^2 f(r)\,\mathrm{d}r + 4\,\bar{r}_p^3} \tag{3-2-45}$$

式中　r_{min}——吼道最小半径，μm；

$\quad\quad r_{max}$——喉道最大半径，μm；

$\quad\quad r_{c1}$——微球可以变形进入喉道的临界半径，μm；

$\quad\quad r_{c2}$——微球可以变形通过喉道的临界半径，μm；

$\quad\quad L$——喉道平均长度，μm；

$\quad\quad \bar{r}_p$——孔隙体的平均半径，μm；

$\quad\quad \phi_0$——孔隙度，%。

设 λ 与 δ 的线性关系如下：

$$\lambda = \lambda_0(1 + \kappa\delta) \tag{3-2-46}$$

式中 $\kappa = -\dfrac{1}{\delta_{max}}$，则微球渗滤运移的完整数学模型为：

$$\begin{cases} \dfrac{\partial\varphi}{\partial x} = -\dfrac{1}{v}\dfrac{\partial\delta}{\partial t} \\[2mm] \dfrac{\partial\varphi}{\partial x} = -\lambda\varphi \\[2mm] \varphi(x,t)\big|_{x=0} = \varphi_0 \\[2mm] \delta(x,t)\big|_{x=0} = 0 \\[2mm] \lim_{t\to\infty}\delta(x,t) = \delta_{max} \\[2mm] \lambda = \lambda_0(1 + \kappa\delta) \end{cases} \tag{3-2-47}$$

此数学模型的解为：

$$\begin{cases} \varphi(x,t) = \dfrac{\varphi_0}{1 - [1 - \exp(\lambda_0 x)]\exp(\lambda_0 \kappa v\varphi_0 t)} \\[3mm] \delta(x,t) = \dfrac{1}{\kappa} \times \dfrac{\exp(\lambda_0 \kappa v\varphi_0 t) - 1}{1 - [1 - \exp(\lambda_0 x)]\exp(\lambda_0 \kappa v\varphi_0 t)} \end{cases} \tag{3-2-48}$$

如果选择 Maroudas 提出的假设作为数学模型中渗滤系数的计算，则该数学模型的解为：

$$\begin{cases} \varphi(x,t) = \dfrac{\varphi_0}{1 - \left[1 - \exp\left(-\dfrac{\lambda_0 v\varphi_0 t}{\delta_{max}}\right)\right] + \exp\left(-\dfrac{\lambda_0 v\varphi_0 t}{\delta_{max}} + \lambda_0 x\right)} \\[5mm] \delta(x,t) = \delta_{max} \cdot \dfrac{1 - \exp\left(-\dfrac{\lambda_0 v\varphi_0 t}{\delta_{max}}\right)}{1 - \left[1 - \exp\left(-\dfrac{\lambda_0 v\varphi_0 t}{\delta_{max}}\right)\right] + \exp\left(-\dfrac{\lambda_0 v\varphi_0 t}{\delta_{max}} + \lambda_0 x\right)} \end{cases} \tag{3-2-49}$$

2. 微球调驱数学模型

建立微球调驱数学模型需要如下的假设条件：

① 油藏中流体为油、气、水三相，且三相均为达西渗流；② 油、水两相为微可压缩；③ 气相为可压缩，岩石骨架为微可压缩，油藏中流体在渗流过程中保持等温渗流；④ 气相中只有气组分，水相中只有水组分，油相中除油组分外还有溶解气；⑤ 微球在运移过程中发生弹性形变；⑥ 不考虑微球的破裂；⑦ 弹性微球进入水相后为稳定的分布均匀的悬浮液；⑧ 不考虑岩石骨架的破裂；⑨ 考虑岩石的各向异性及非均质性；⑩ 考虑毛管力的影响。

假设注入产出的水相液量为 $\bar{q}_w$，注水井注入体积分数为 φ_0 的微球悬浮液，则考虑微球的源、汇项后的连续性方程可描述为：

$$-\nabla(\boldsymbol{v}_w \nabla\varphi) + \frac{\bar{q}_w\varphi_0}{\rho_s} = \frac{\partial\delta}{\partial t} + \frac{\partial(\phi S_w\varphi)}{\partial t} \tag{3-2-50}$$

式中　v_w——微球悬浮液的达西渗流速度，m/s；

　　　ρ_s——微球密度，kg/m³；

　　　φ——流入的体积分数，%；

　　　δ——微球的滞留量，m³；

　　　S_w——微球的质量分数，%；

　　　$\bar{q}_w$——微球单位体积流量，m³/s；

　　　φ_0——初始流入体积分数，%。

同理可求出油、水、气相的连续性方程：

$$\begin{cases} -\rho_o\left(\dfrac{\partial v_{ox}}{\partial x} + \dfrac{\partial v_{oy}}{\partial y}\dfrac{\partial v_{oz}}{\partial z}\right) + \rho_o\bar{q}_o = \dfrac{\partial}{\partial t}\left(\dfrac{\phi\rho_o S_o}{B_o}\right) \\[2mm] -\rho_w\left(\dfrac{\partial v_{wx}}{\partial x} + \dfrac{\partial v_{wy}}{\partial y}\dfrac{\partial v_{wz}}{\partial z}\right) + \rho_w\bar{q}_w = \dfrac{\partial}{\partial t}\left(\dfrac{\phi\rho_w S_w}{B_w}\right) \\[2mm] -\rho_g\left(\dfrac{\partial v_{gx}}{\partial x} + \dfrac{\partial v_{gy}}{\partial y}\dfrac{\partial v_{gz}}{\partial z}\right) + \rho_g\left(\dfrac{\partial v_{ox}}{\partial x} + \dfrac{\partial v_{oy}}{\partial y}\dfrac{\partial v_{oz}}{\partial z}\right)R_s + \rho_g(R_s\bar{q}_o + \bar{q}_g) = \dfrac{\partial}{\partial t}\left(\dfrac{\phi\rho_g R_s S_o}{B_o} + \dfrac{\phi\rho_g S_g}{B_g}\right) \end{cases}$$

$$\tag{3-2-51}$$

式中　$\rho_i(i=o、w、g)$——油、水、气相密度，kg/m³；

　　　$\bar{q}_i(i=o、w、g)$——油、水、气相的流量，m³/s；

　　　$S_i(i=o、w、g)$——油、水、气相的饱和度，%；

　　　$B(i=o、w、g)$——油、水、气相的体积系数；

　　　R_s——气体在油中的溶解气油比，m³/m³。

油、水、气三相运动方程为：

$$\begin{cases} v_o = -\dfrac{kk_{ro}}{\mu_o B_o}\left[\mathrm{grad}\, p_o - (\gamma_o + \gamma_{dg})\mathrm{grad}\, D\right] \\[2mm] v_w = -\dfrac{kk_{rw}}{\mu_w B_w}(\mathrm{grad}\, p_w - \gamma_w\mathrm{grad}\, D) \\[2mm] v_g = -\dfrac{kk_{rg}}{\mu_g B_g}(\mathrm{grad}\, p_w - \gamma_g\mathrm{grad}\, D) \end{cases} \tag{3-2-52}$$

式中　$\mu_i(i=o、w、g)$——油、水、气相黏度，mPa·s；

$\mathrm{grad}\ p_i(i=o,w,g)$——油、水、气三相的压力梯度，$\mathrm{MPa/m}$；

$k_{ri}(i=o,w,g)$——（油、气、水）相相对渗透率；

k——绝对渗透率，$10^{-3}\mu\mathrm{m}^2$；

γ_{dg}——溶解气的重度，$\mathrm{N/m}^3$；

$\gamma_i(i=o,w,g)$——油、水、气三相的重度，$\mathrm{N/m}^3$；

$\mathrm{grad}\ D$——微球的质量浓度梯度，$\mathrm{kg/L}$。

求解上述方程必须给出渗流微球悬浮液渗流量方程，孔隙度、渗透率微球运移前后的变化模型，方程的辅助条件及边界条件。

Ives 根据 Iwasaki 理论将固体颗粒悬浮液的体积分数 φ 表示成渗流时间 t 和储层多孔介质层深的函数，即

$$\nabla\varphi=-\lambda_0\left(1-\frac{\delta}{\delta_{\max}}\right)\varphi \tag{3-2-53}$$

比截面流量 δ 在地层中不同位置、不同注入时间的大小也各不相同，即有：

$$\delta=\delta(x,y,z,t) \tag{3-2-54}$$

颗粒在孔隙中滞留后造成储层孔隙体积减小，因此瞬时孔隙度可表示为：

$$\phi(x,y,z,t)=\phi_0(x,y,z)-\delta(x,y,z,t) \tag{3-2-55}$$

油层内孔隙体积发生变化后，岩石毛管束的迂曲度不发生变化，固相颗粒滞留后的渗透率与初始状态下的渗透率的比值为：

$$\frac{k(x,y,z,t)}{k_0(x,y,z)}=\left[B(1-\varepsilon)+\frac{\phi(x,y,z,t)}{\phi_0(x,y,z)}\varepsilon\right]^3 \tag{3-2-56}$$

式中　$\varepsilon=1-\beta\delta(x,y,z,t)$，$B$、$\beta$——实验参数。

储层岩石的渗透率可表示为：

$$k=k_0\left[B\beta\delta+\frac{(1-\beta\delta)\phi}{\phi_0}\right]^3 \tag{3-2-57}$$

辅助方程的饱和度方程为：

$$S_o+S_w+S_g=1 \tag{3-2-58}$$

毛管力方程为：

$$p_{cow}=p_o-p_w \tag{3-2-59}$$

$$p_{cgo}=p_g-p_o \tag{3-2-60}$$

式中　p_{cow}——吸水毛管力；

p_{cgo}——油气毛管力。

在实际计算过程中，由于两相相对渗透随饱和度发生变化，因此针对某一具体油藏，主要考虑油水两相饱和度的影响，采用相渗曲线拟合出相对渗透率曲线：

$$\begin{cases} k_{ro}=k_{ro}(S_o) \\ k_{rw}=k_{rw}(S_w) \\ k_{rg}=k_{rg}(S_o,S_w) \end{cases} \tag{3-2-61}$$

从以上可以看出弹性微球运移数学模型很复杂，不能用解析法求解，而必须用数值方法求解，可以采用比较常见的隐式求压力、显示求饱和度等未知量的方法进行数值求解。

第三节　弹性微球深部调驱机理

一、微球通过孔喉压降影响

聚合物微球溶液经过孔喉发生三个阶段的黏弹性变化,其发生弹性变形时所产生的压降对注入水产生阻力,使得注入水转向,实现微球液流转向的作用。某油藏储层的岩心孔隙喉道结构参数如表 3-3-1 所示。

表 3-3-1　弹性微球通过孔喉时参数取值

孔喉比	剪切速率/s^{-1}	孔隙因子	表观黏度/(mPa·s)	膨胀倍数	待定系数	特征时间/s	幂律指数
16	10	0.125	63	1.2	1.4	0.1	0.453

(1)入口收缩阶段微球压降影响。

① 孔喉比。

孔隙直径与喉道直径的比值为孔喉比,孔喉比的大小反映微球进入孔喉阶段所发生的弹性变形能力。随着孔喉比的增加,弹性微球发生形变量增大,所产生的压降值先呈直线增加(图 3-3-1),当孔喉比增大到一定值 $\lambda = 4.5$ 时,弹性微球受自身弹性膨胀倍数的影响在通过孔喉的时候,弹性能变化幅度不大,且趋于稳定。

② 剪切速率。

由图 3-3-2 可知,随着剪切速率的增大,聚合物微球溶液所产生的压降也增大。由于在低剪切速率条件下,聚合物微球分散体系表现出层状有序结构,微球粒子彼此独立,切应力仅在各层中发生有限变形和定向作用,粒子之间相互作用很小,所产生的压降值变小;随着剪切速率的增加,微球粒子之间的切应力形成聚集作用,粒子间的相互作用增大,微球溶液随着剪切速率增大运移时所产生的压降增大。

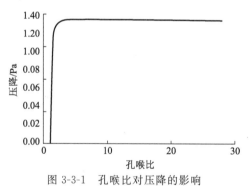

图 3-3-1　孔喉比对压降的影响

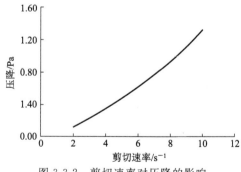

图 3-3-2　剪切速率对压降的影响

③ 表观黏度。

表观黏度可以分为剪切黏度和拉伸黏度,其对微球溶液之间的运移具有拖拽作用,随着表观黏度的增加,微球溶液之间的相互作用加强,摩擦阻力增大,阻碍微球运移,所产的附加阻力增大,根据力的相互作用,影响注入水转向的压降随着表观黏度的增大而增大(图 3-3-3)。

(2)喉道通过阶段微球压降的影响。

进入等截面喉道后,喉道通过阶段的流线基本稳定,此阶段的压力主要是由黏性耗散引起的压力损失,影响微球溶液压降的因素主要包括:聚合物弹性微球的表观黏度 μ_v、剪切速率 γ_w 和孔隙因子 ξ。

由图 3-3-4 知聚合物微球溶液通过孔喉所产生的黏性压降随着孔隙因子的增加而增大,孔隙因子越大,表明喉道长度与喉道直径比值越大,黏弹性微球溶液在孔道中的运移受孔壁的摩擦阻力增大,所以相对于注入水所产生的压降也增大。

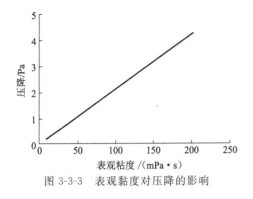

图 3-3-3 表观黏度对压降的影响

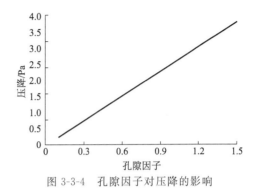

图 3-3-4 孔隙因子对压降的影响

(3)突破孔喉阶段微球压降的影响。

弹性微球在第一阶段和第二阶段所发生的是物理堵塞,该过程类似于液珠通过喉道时所发生的贾敏效应,会产生一微球变形的附加阻力;由于外界压力的作用,当大于该附加阻力时,微球溶液发生弹性变形突破孔喉。

由于微球溶液随注入液在地层中的渗流速度非常慢,在通过孔喉时,因为在入口收缩阶段中形成的拉伸应力和剪切应力基本上得到松弛,故在挤出微球后发生弹性恢复,这也是导致微球膨胀的主要原因,根据力是相互作用的原理,其压降随着膨胀倍数的增大而降低(图3-3-5)。

在突破孔喉阶段,微球的膨胀倍数主要是引起弹性损耗,当微球具有不同的膨胀倍数时,随着膨胀倍数的增加(图 3-3-6),弹性压降也变大,这是因为微球在通过孔喉阶段所受到驱替压力较大,收缩变形也较大,当突破孔喉时,弹性能变化增大。

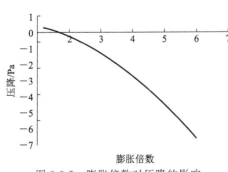

图 3-3-5 膨胀倍数对压降的影响

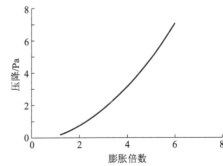

图 3-3-6 膨胀倍数对弹性压力的影响

合成的弹性微球具有纳(微)米级的小尺度,其有庞大数量特性,大量微球随着注入水进入地层后,广泛分布在油藏岩石的孔隙喉道中,单个微球进入孔喉只是理想状态情况。在实际油藏孔隙结构中,会有多个微球同时通过孔喉,发生滞留—封堵—突破—运移现象,微球在通过孔喉时,微球与微球之间也会发生相互作用,其复杂程度增加。

二、弹性微球封堵调驱机理

弹性微球通过水化膨胀后的形变堵住孔喉，实现微观逐步水流改向；依据良好的弹性微球强度，随着水压的变化，孔喉被突破后封堵地层深部更细的孔喉，实现逐级立体深部调剂，从而提高水驱效果。

由于微球是一个弹性球体，从微观上看弹性微球依靠膨胀后的架桥作用在地层孔喉处进行堵塞，从而实现注入水微观改向。微球在缝口有单颗粒或双颗粒架桥（图 3-3-7），但单颗粒架桥不稳定，且尺寸必须大于地层孔喉直径，虽能架桥，但由于尺寸大，无法起到深部调剂的目的。

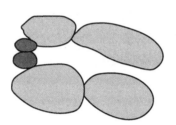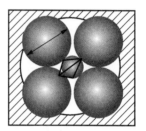

图 3-3-7　双颗粒在孔喉处架桥

常根据 Abrans 的暂堵理论，认为封堵调驱主要存在三颗粒架桥（图 3-3-8），悬浮固体颗粒在孔喉处的堵塞规律如下：① 颗粒粒径大于 1/3 孔喉直径，在地层表面形成外滤饼。② 颗粒粒径在（1/7～1/3）倍孔喉直径，固相颗粒基本可以进入储层内部。由于孔喉的捕集等作用，在储层内部产生桥堵形成内滤饼。③ 颗粒粒径小于 1/7 倍孔喉直径，可自由通过地层，不形成固相堵塞。

国内学者在此基础上研究得到如下的封堵理论：

① 1/2～2/3 架桥理论：当封堵体系中存在数量足够（2%～3%）的粒径等于孔喉平均直径 2/3 的架桥粒子时，能够形成稳定的双颗粒架桥和三颗粒架桥，桥堵效果最佳；

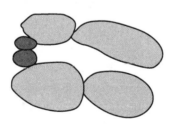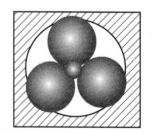

图 3-3-8　孔喉三颗粒架桥

② 1/4～1/3 充填规则：粒子的粒径约为 1/4 孔喉直径，含量为 1%～1.5%；

③ 软化粒子：含量 1%～2% 的与储层温度相适应的软化粒子。

刚性足够的材料能够形成如两颗粒或三颗粒架桥。刚性不足，长度大于缝宽和孔喉直径的材料只能形成挂阻单颗粒架桥。聚合物活性微球材料的封堵机理：在大尺寸材料形成架桥后，较小尺寸的材料在架桥材料形成的小孔道上进行嵌入和堵塞；依靠微球活性材料的弹性和塑性发生强有力的拉筋作用，加强楔塞的机械强度；形成牢固的移动困难的塞状垫层，达到封堵的目的。

根据聚合物微球合成和封堵机理不同,分为原始尺寸不同的小球和大球两种类型(表 3-3-2)。其中小球通过反相乳液得到,原始尺寸只有纳米级,通过水化后膨胀堵塞封堵;大球依靠分散聚合得到,原始尺寸只有微米级,通过水化后膨胀吸附封堵。

表 3-3-2　活性微球的类型

	类　型	合成机理	封堵机理
活性微球	小球	乳液聚合	原始尺寸 nm 级,水化后膨胀堵塞
	大球	分散聚合	原始尺寸 μm 级,水化后膨胀吸附

(1)聚合物活性微球小球封堵机理。

纳米级微球具有凝胶核、交联聚合物层、水化层三层结构,如图 3-3-9 所示。其中内部凝胶核的强度较高;中间是不同交联比控制的聚合物层,也是微球膨胀的最主要部分,可根据需要设计不同的交联比,控制微球膨胀的时间;最外部为水化层,保证微球水化程度好,在水中分散均匀。

纳米级微球的封堵机理如图 3-3-10 所示。在注入初期,由于微球的原始尺寸只有 nm 级,远远小于地层孔喉的 μm 级尺寸,因此可以顺利随着注入水进入地层深部,随着注入时间的不断延长,微球不断水化膨胀,直到膨胀到最大体积后,依靠架桥作用在地层孔喉处进行堵塞,从而实现注入水微观改向。由于微球是一个弹性球体,在一定压力下会突破,液流逐级逐步改向,从而实现深部调驱,最大限度地提高注入液的波及体积。

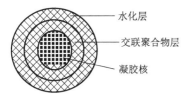

图 3-3-9　聚合物活性微球小球结构示意图

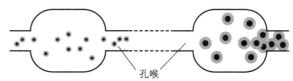

图 3-3-10　聚合物活性微球小球作用机理

(2)聚合物活性微球大球封堵机理。

微米级微球具有核、壳两层结构,分别带不同的电荷(图 3-3-11)。其中外壳部分带负电荷,在注入初期与地层的负电荷相排斥,保证微球进入地层深部。

纳米级微球的封堵机理如图 3-3-12 所示。内核部分的水化速度快,逐渐暴露出所带的正电荷,随着正电荷的增多,与地层所带的负电荷相吸引,逐渐在地层内部堆积,并且所带的正电荷又与未完全水化的微球所带的负电荷相吸引,使得微球依靠不同极性的电荷吸附,逐步堆积成串或团,形成更大的物质结构,这样就减小孔道的截面积;如在孔喉处吸附堵塞,则局部产生液流改向作用,后续溶液进入其他渗水通道进行封堵,从而起到封堵的目的。

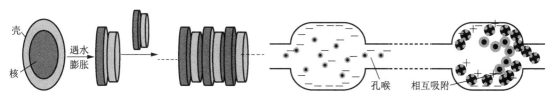

图 3-3-11　聚合物活性大球电荷示意图　　　图 3-3-12　聚合物活性微球大球作用机理

三、微球深部液流转向机理

注入孔喉尺度弹性微球后,微球在孔喉处堵塞,使压力升高,产生一个附加压力梯度,驱替压力梯度与此附加压力梯度的合力可以使液流方向发生转变,启动之前无法启动的毛管,起到深部液流转向提高采收率的作用。当压力升高至一定程度时,微球发生弹性形变,运移通过该喉道,继续向前运移。微球液流转向概念模型如图 3-3-13 所示。

取单个孔隙及其连通喉道为单元,假设水驱后剩余油分布状态如图 3-3-14 所示。注入微球首先从毛细管 1 进入孔隙,微球总是沿着阻力最小的方向运移,因此微球会首先进入毛细管 3,并在毛细管 3 中产生封堵,使得液流转向,这种起液流转向作用的微球被称为转向微球。

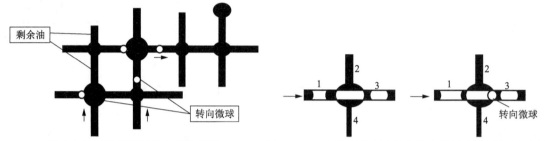

图 3-3-13　微球液流转向概念模型　　　　图 3-3-14　水驱后剩余油分布状态及转向微球作用示意图

转向微球作用于毛细管 3 的进口端,产生一个附加压力,该压力的最大值为 p_δ,一旦超过该值,微球便会发生最大弹性变形,运移通过毛细管 3。在微球逐渐发生弹性变形通过毛细管 3 的过程中,附加压力与驱替压力共同作用于该孔喉单元,起到液流转向作用,有利于启动毛细管 2 和 4 中的剩余油。

在平面径向流地层中任意一点的压力梯度为:

$$\frac{\mathrm{d}p}{\mathrm{d}r}=\frac{p_e-p_w}{\ln \dfrac{r_e}{r_w}}\frac{1}{r} \tag{3-3-1}$$

式中　p_e——供给边界压力,MPa;

　　　p_w——井筒压力,MPa;

　　　r_e——供给边界半径,m;

　　　r_w——井筒半径,m

　　　r——地层中任意一点到生产井的距离,m。

每根毛细管两端的驱替压差为:

$$\Delta p_i=l_i\frac{\mathrm{d}p}{\mathrm{d}r}\quad(i=2,4) \tag{3-3-2}$$

式中　l_i——第 i 根毛细管长度,m。

假设每根毛细管长度均等,均为砂砾直径 l,则各根毛细管两端的压差均为:

$$\Delta p=l\frac{\mathrm{d}p}{\mathrm{d}r}=l\cdot\frac{p_e-p_w}{\ln \dfrac{r_e}{r_w}}\frac{1}{r}\quad(i=2,4) \tag{3-3-3}$$

发生液流转向的临界条件为:

$$p_\delta+\Delta p=p_{ci}\quad(i=2,4) \tag{3-3-4}$$

毛细管中的毛管力为:

$$p_{ci} = \frac{4\sigma_{ow}\cos\theta}{d_i} \quad (i=2,4) \tag{3-3-5}$$

式中　d_i——毛细管直径,m;

　　　σ_{ow}——油水两相界面张力,N/m;

　　　θ——润湿角,(°)。

$$p_\delta + l\,\frac{p_e - p_w}{\ln\dfrac{r_e}{r_w}}\,\frac{1}{r} = \frac{4\sigma_{ow}\cos\theta}{d_i} \quad (i=2,4) \tag{3-3-6}$$

微球封堵孔喉,实现液流转向的提高采收率机理为附加压力的产生,下面对液流转向机理及其能力进行详细分析:

(1) $p_\delta + \Delta p < p_{c2}$。

此时微球封堵产生的叠加附加压力与驱替压力共同作用也不足以克服毛细管 2 的毛管力,因此流体不会进入毛细管 2,毛细管 2 中的剩余油不能启动。由于存在 $d_2 > d_4$,因此毛细管 4 中的剩余油也不能启动,此时剩余油的分布状态如图 3-3-15(a)所示。

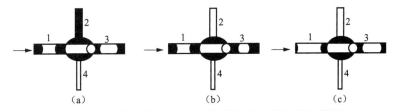

图 3-3-15　微球液流转向能力及提高采收率机理示意图

(2) $p_{c2} \leqslant p_\delta + \Delta p < p_{c4}$。

此时微球封堵产生的附加压力与驱替压力共同作用可以克服毛细管 2 的毛管力,但不能克服毛细管 4 中的毛管力,因此在转向微球的作用下,流体可以进入毛细管 2,启动其中的剩余油,但是不能启动毛细管 4 中的剩余油。此时剩余油的分布状态如图 3-3-15(b)所示。

(3) $p_\delta + \Delta p \geqslant p_{c4}$。

此时微球封堵产生的附加压力与驱替压力共同作用可以克服毛细管 4 的毛管力,由于 $d_2 > d_4$,因此在转向微球的作用下,流体可以进入毛细管 2 和毛细管 4,启动其内部的剩余油,此时剩余油的分布状态如图 3-3-15(c)所示。

第四章

弹性微球深部调驱工艺设计

本章在微球调驱机理研究基础上进行微球深部调驱工艺设计,开展油藏适应性分析、微球配伍性评价、微球调驱工艺参数优化研究和微球调驱效果评价,既对微球深部调驱机理进行分析,也为后期矿场应用提供依据。

第一节 弹性微球调驱配伍性

微球在储层中运移、封堵、弹性变形、再运移、再封堵,直至储层深部,并在此过程中滞留,使得储层物性发生改变。通过填砂管封堵实验、核孔膜过滤装置和变径毛细管等实验,总结弹性微球粒径与孔喉、渗透率的匹配关系规律,得出形变运移封堵强度。

一、微球粒径与核孔膜匹配性

微球在孔隙空间滞留会造成孔隙体积的减少,孔隙体积的减少值即微球滞留所占据的体积,故瞬时孔隙度为:

$$\phi(x,t) = \phi_0 - \delta(x,t) \tag{4-1-1}$$

式中　$\phi(x,t)$——瞬时孔隙度;

　　　ϕ_0——初始孔隙度。

微球的封堵特性与其粒径大小和孔隙通道大小匹配关系有关,只有选择微球的粒径与油藏中孔喉大小相匹配,才能达到良好的调剖(驱)效果。因此,进行微球与储层孔喉匹配性研究是调剖(驱)选择适应油藏的关键。

核孔膜的孔径分布均匀、微孔的形状基本为圆柱形,而微球的形态为球形,因此,核孔膜适用于研究微球在孔隙中封堵作用机理。评价微球的粒径与油藏中孔喉大小相匹配性,可以应用核孔膜进行实验,当与核孔膜的孔隙大小相当时,微球对核孔膜的封堵作用最好。

核孔膜过滤实验装置如图4-1-1所示,主要由压力系统、盛液容器、过滤器、记录显示系统等组成。所用核微孔滤膜由中国原子能科学研究院提供,孔径分别为0.2、0.45、0.6、0.7、

0.8、1.2 μm 及 3.0 、5.0、7.0、10.0 μm,膜厚为 10 μm。

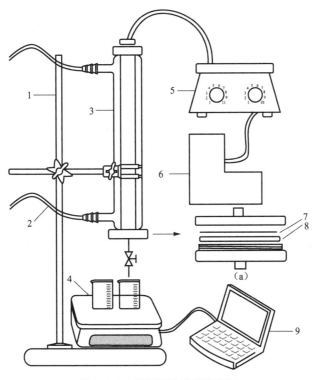

图 4-1-1　核孔膜过滤实验装置

1—铁架台;2—恒温系统;3—容器;4—天平;5—压力调节器;6—压缩机;7—滤膜;8—夹持器;9—计算机

将核孔膜用去离子水润湿,平铺于滤膜支撑板上,避免膜的卷曲或折叠,并保持滤膜表面的清洁,不要用手接触滤膜。微孔滤膜用胶圈压紧防漏,装上盛液器,旋紧滤膜夹持器,关闭出水阀门。将待测溶液摇匀后,倒入盛液容器,旋紧顶盖。启动空气压缩机,调节减压器,使精密压力表的指针指在 200 kPa。静置 1 min 左右,确定装置无漏气后,打开出水阀门,滤出液流入烧杯。实验中记录过滤一定质量的微球溶液通过不同孔径的核微孔膜的时间。以过滤体积－过滤时间做图,得到微球溶液通过不同孔径核孔膜的过滤曲线。

1. 纳米级弹性微球与核孔膜孔径匹配性

图 4-1-2 是纳米级弹性微球溶胀后通过不同孔径的核孔膜的过滤体积与过滤时间关系。

由图可以看出,纳米级微球通过 0.4 μm 核孔膜的过滤速率明显比通过 1.2 μm 的核孔膜的过滤速率慢,即纳米级微球对较小孔径 0.4 μm 的核孔膜封堵效果好于对较大孔径的 1.2 μm 的核孔膜封堵效果。这表明纳米级弹性微球粒径大小与孔径 0.4 μm 的核孔膜较匹配。

2. 微米级弹性微球与核孔膜孔径匹配性

(1)弹性微球的过滤速率与核孔膜孔径的匹配关系。

图 4-1-3 是质量浓度为 50 mg/L 的弹性微球 85 ℃下溶胀 10 d 后通过不同孔径核孔膜时测得其过滤体积与过滤时间的关系。从图中可以看出,聚合物微球通过不同孔径的核孔膜时,其过滤速率存在明显差异。核孔膜孔径在 0.4 ～5.0 μm 时,随核孔膜孔径增加,聚合

物微球通过核孔膜的过滤速率减小,其对核孔膜的封堵作用增强。而当聚合物微球通过孔径为 7 μm 的核孔膜时,其过滤速率又明显变快,其对核孔膜的封堵作用减弱。因此并不是孔径越小或越大,聚合物微球对核孔膜的封堵作用越强,而是聚合物微球的封堵作用与核孔膜孔径大小间存在一定匹配关系,只有在聚合物微球的粒径与核孔膜的孔径大小间存在匹配关系下,聚合物微球对核孔膜的封堵作用才最强。实验所研究的微米级微球与孔径为 5 μm 的核孔膜匹配关系最好。

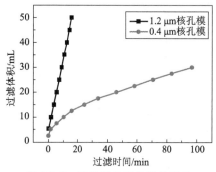

图 4-1-2 纳米级微球分散体系的
过滤体积与过滤时间关系

(微球质量浓度:100 mg/L,NaCl 质量浓度:
5 000 mg/L,溶胀温度:85 ℃,溶胀时间 5 d)

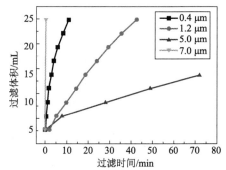

图 4-1-3 微米级微球分散体系通过不同孔径核
孔膜的过滤体积与过滤时间关系

(2)弹性微球通过核孔膜时的质量浓度变化。

由表 4-1-1 的聚合物微球通过不同孔径核孔膜前后质量浓度变化也可以看出,聚合物微球通过 0.4 μm 和 1.2 μm 的核孔膜后,聚合物微球的质量浓度只有 2.56 mg/L,远小于过滤前的质量浓度,表明聚合物微球通过孔径较小的核孔膜时发生了截留作用,大部分聚合物微球滞留在核孔膜表面。聚合物微球通过孔径 5 μm 的核孔膜后,滤液中聚合物微球的质量浓度为 17.2 mg/L,即有部分聚合物微球在过滤压力作用下通过了核孔膜,有部分滞留在核孔膜内部,还有部分滞留在核孔膜表面。当聚合物微球通过 7 μm 的核孔膜后,滤液中聚合物微球的质量浓度为 42.6 mg/L,与过滤前聚合物微球质量浓度相差不大,即分散体系中的聚合物微球在过滤压力作用下基本都通过了核孔膜,没有滞留在核孔膜表面和孔内部。

表 4-1-1 聚合物微球通过核孔膜前后质量浓度变化

滤膜孔径 /μm	滤 前	0.4	1.2	5.0	7.0
C_p/(mg・L^{-1})	50.0	2.56	2.56	17.2	42.6

(3)弹性微球对核孔膜的封堵方式。

图 4-1-4 是聚合物微球通过不同孔径的核孔膜后,用扫描电镜观察到的聚合物微球在核孔膜中的滞留状态。从图中 SEM 照片可以看出,聚合物微球通过 0.4 μm 的核孔膜时,由于溶胀后的聚合物微球粒径远大于核孔膜的孔径,从而使得聚合物微球只是在核孔膜表面发生滞留,并没有堵在核孔膜内部,膜表面有许多孔隙并没有被微球覆盖,造成其通过核孔膜的过滤速率较大。聚合物微球通过 1.2 μm、3.0 μm 和 5.0 μm 的核孔膜时,聚合物微球除部分覆盖在膜表面外,有部分微球进入微孔内部发生封堵,尤其是孔径为 5.0 μm 的核孔膜,因其粒径与核孔膜孔径较匹配,在压力作用下更容易进入核孔膜微孔内部发生堵塞,从而使

得聚合物微球通过孔径 5.0 μm 的核孔膜时过滤速率最小,封堵作用最强。聚合物微球通过孔径7.0 μm 和 10.0 μm 的核孔膜时,由于分散体系中大多数聚合物微球的粒径小于核孔膜的孔径,再加上在一定过滤压力作用下聚合物微球容易发生挤压变形,从而导致聚合物微球很容易通过孔径较大的核孔膜,不能对核孔膜起封堵作用。

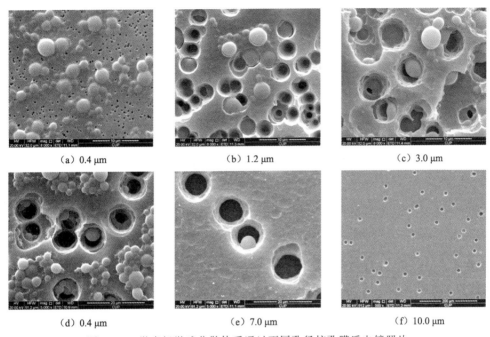

(a) 0.4 μm　　　　　　(b) 1.2 μm　　　　　　(c) 3.0 μm

(d) 0.4 μm　　　　　　(e) 7.0 μm　　　　　　(f) 10.0 μm

图 4-1-4　微米级微球分散体系通过不同孔径核孔膜后电镜照片

二、微球粒径与储层渗透率匹配性

根据毛管束模型,多孔介质的渗透率取决于介质的孔隙度和介质固相的比表面积,若油层内孔隙体积发生变化后,岩石毛细管束的迂曲度不发生变化。修正 Kozeny 方程,得到微球滞留后的渗透率与初始状态下的渗透率之间的比值为:

$$\frac{k(x,t)}{k_0} = \left[B(1-\varepsilon) + \varepsilon \frac{\phi(x,t)}{\phi_0} \right]^3 \tag{4-1-2}$$

$$\varepsilon = 1 - \beta\delta(x,t) \tag{4-1-3}$$

式中　$k(x,t)$——瞬时渗透率,10^{-3} μm^2;

　　　k_0——初始渗透率,10^{-3} μm^2;

　　　ε——流动效率因子;

　　　B——堵塞孔隙允许流体的流通系数;

　　　β——系数。

1. 微米级微球与储层渗透率匹配性

核孔膜过滤实验说明弹性微球与孔隙大小间存在一定匹配关系。作为深部调驱用的弹性微球粒径大小还需与储层渗透率大小相匹配,为此将质量浓度为 3 000 mg/L 的弹性微球分散体系于 85 ℃温度下溶胀 10 d 后,保持一定的流动线速度,注入渗透率分别为 0.57、

1.34、2.06 和 2.83 μm^2 的填充砂管(长 50 cm,等距三个测压点)。整个实验过程先水驱至压力稳定,接着注微米级微球分散体系,再进行后续水驱。图 4-1-5 是整个实验过程填充砂管中三个不同位置的测压点压力随注入体积的变化。

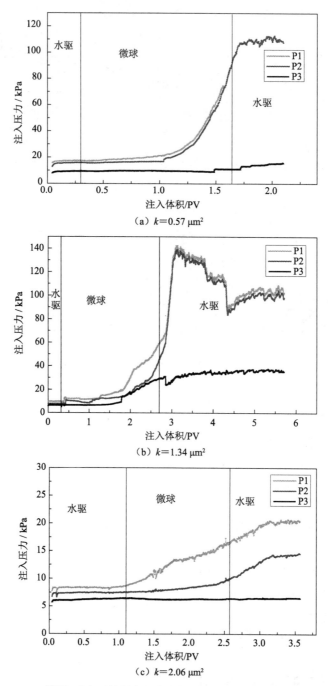

图 4-1-5　不同渗透率下的微米级弹性微球的注入压力与注入体积关系
(微米级微球,质量浓度 3 000 mg/L,溶胀温度 85 ℃,溶胀时间 10 d,污水)

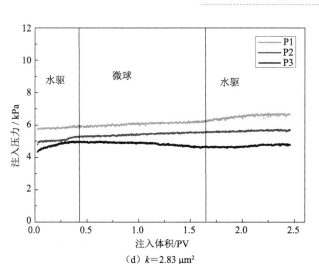

图 4-1-5(续) 不同渗透率下的 μm 弹性微球的注入压力与注入体积关系

(微米级微球,质量浓度 3 000 mg/L,溶胀温度 85 ℃,溶胀时间 10 d,污水)

从图 4-1-5(a)中可以看出,对于渗透率 0.57 μm² 的填充砂管,注水使压力达到平衡后,改注质量浓度为 3 000 mg/L 的弹性微球分散体系,当注入 0.8 PV 的微球后,填充砂管中靠近进口端的第一个测压点 P1 和中间位置的第二个测压点 P2 的压力开始上升,注入约 1.75 PV 的微球后,填充砂管中 P1 和 P2 的压力均达到 90 kPa,且 P1 和 P2 的压力同步上升,改注水后,P1 和 P2 的压力上升至 110 kPa 后维持不变,而填充砂管靠近出口端的第三个测压点 P3 在注微球过程中基本维持不变,后续水驱过程压力有所上升,但上升幅度很小。这表明微米级微球能够封堵渗透率为 0.57 μm² 的填充砂管,并且可以深入填充砂管的深部,但不能深入更深位置进行封堵。

从图 4-1-5(b)中可以看出,对于渗透率 1.34 μm² 的填充砂管,注水使压力达到平衡后,改注质量浓度为 3 000 mg/L 弹性微球分散体系,当注入 1.5 PV 的微球后,填充砂管中靠近进口端的第一个测压点 P1 和中间位置的第二个测压点 P2 以及靠近出口端的测压点 P3 的压力均开始上升,注入约 2.75 PV 的微球后,填充砂管中 P1、P2 和 P3 的压力分别达到 60 kPa、40 kPa 和 30 kPa,改注水后,P1 和 P2 压力同步上升至 140 kPa 开始下降,最终维持在 100 kPa 左右,而 P3 的压力水驱维持在 30 kPa 左右。因此对于渗透率为 1.34 μm² 的填充砂管,微米级微球注入及后续水驱过程中,填充砂管中三个不同位置的测压点的压力均上升。这说明微米级微球能够封堵渗透率为 1.34 μm² 的填充砂管,相对于渗透率为 0.57 μm² 的填充砂管,深入填充砂管的位置更深,起到深部调驱作用。

从图 4-1-5(c)中可以看出,对于渗透率 2.06 μm² 的填充砂管,注水使压力达到平衡后,改注质量浓度为 3 000 mg/L 的弹性微球分散体系,当注入 1.0 PV 的微球后,填充砂管中靠近进口端的第一个测压点 P1 压力开始上升,而注入 1.5 PV 的微球后,第二个测压点 P2 的压力也开始上升,注入约 2.6 PV 的微球后,填充砂管中 P1、P2 的压力分别达到 17 kPa、10 kPa,改注水后,P1 和 P2 的压力继续上升,最终维持在 22 kPa 和 15 kPa 左右,而填充砂管靠近出口端的第三个测压点 P3 在注微球和水驱过程基本维持不变。因此对于渗透率为 2.06 μm² 的填充砂管,微米级微球注入及后续水驱过程中,填充砂管中测压点 P1 和 P2 的压力尽管上升,但上升幅度很小,而 P3 压力维持不变。这说明微米级微球对渗透率为

2.06 μm^2 的填充砂管有一定的封堵作用,但封堵效果及深入性均不如渗透率为 1.34 μm^2 的填充砂管。

从图 4-1-5(d)中可以看出,对于渗透率 2.83 μm^2 的填充砂管,注水使压力达到平衡后,改注质量浓度为 3 000 mg/L 的弹性微球分散体系,注弹性微球和后续水驱过程中填充砂管中三个测压点的压力基本保持不变,与开始注水压力相同。这表明 3 000 mg/L 的微米级微球不能对渗透率为 2.83 μm^2 的填充砂管形成有效封堵。

以上现象说明,微米级弹性微球分散体系对渗透率为 0.57 μm^2、1.34 μm^2 的填充砂管具有一定的封堵特性,且能够进入砂管深部,形成有效封堵,起到深部调剖作用,尤其是对渗透率为 1.34 μm^2 的填充砂管,微球的封堵与深入性能均较好。这主要是由于在水中溶胀后的弹性微球注入填充砂管时,弹性微球首先在靠近进口端位置的孔隙中吸附、积累、架桥封堵,使得第一个测压点 P1 的压力上升,而且随弹性微球注入体积增加,靠近进口端位置的孔隙中弹性微球积累量越来越多,从而使得 P1 的压力上升较快。由于溶胀后的弹性微球粒径较小,具有一定的变形性,而且与储层孔隙大小较匹配,因此,在压力作用下能够发生一定形变通过第一个测压点而到达第二个测压点,甚至第三个测压点,弹性微球在第二个测压点位置吸附、积累、架桥封堵后使得 P2 的压力也随注入体积增加而上升。改注水后,渗透率低的填充砂管 P1、P2 处压力继续上升,而渗透率较高的填充砂管压力上升至一定值后基本保持不变。P2 和 P3 处压力继续上升更进一步说明弹性微球具有较好的变形能力,能够在压力作用下发生变形进入油藏深部,起到深部调剖作用。

弹性微球对不同渗透率的填充砂管的封堵性能不同表明,弹性微球的粒径与填充砂管的渗透率间存在一定的匹配关系,只有当弹性微球的粒径与储层渗透率相匹配时,弹性微球才能对储层中孔隙较大的孔道形成有效封堵,且可以深入储层深部。上述实验结果表明,微米级微球的粒径大小与渗透率为 1.34 μm^2 的填充砂管孔隙大小最匹配,其在渗透率为 1.34 μm^2 的填充砂管中封堵和深入性能均最好。

2. 毫米级弹性微球与储层渗透率匹配性

将质量浓度为 3 000 mg/L 的毫米级微球分散体系于 85 ℃ 温度下溶胀 10 d 后,保持一定的流动线速度,注入渗透率分别为 2.7、5.2 和 7.6 μm^2 的填充砂管(长 50 cm,等距三个测压点)。整个实验过程先水驱至压力稳定,接着注毫米级微球分散体系,再进行后续水驱。图 4-1-6 是整个实验过程填充砂管中三个不同位置的测压点压力随注入体积的变化。

从图 4-1-6(a)中可以看出,对于渗透率为 2.7 μm^2 的填充砂管,注水使压力达到平衡后,改注质量浓度为 3 000 mg/L 的弹性微球分散体系,当注入 1.2 PV 的微球后,填充砂管中靠近进口端的第一个测压点 P1 的压力上升至 300 kPa,改注水后,P1 处压力上升至 500 kPa 后开始下降,最终维持在 100 kPa 左右。填充砂管靠近中间位置和出口端的测压点 P2 和 P3 在注微球及后续水驱过程压力基本保持不变。这表明毫米级微球能够封堵渗透率为 2.7 μm^2 的填充砂管,但深入性能较差。

从图 4-1-6(b)中可以看出,对于渗透率为 5.2 μm^2 的填充砂管,注水使压力达到平衡后,改注质量浓度为 3 000 mg/L 的弹性微球分散体系,当注入 7.4 PV 的微球后,填充砂管中靠近进口端的第一个测压点 P1 的压力上升至 200 kPa,改注水后,P1 压力持续波动上升至 400 kPa 后开始下降,最终维持在 100 kPa 左右。而填充砂管靠近中间位置和出口端的测压点 P2 和 P3 在注微球及后续水驱过程中压力基本保持不变。这表明毫米级微球能够封堵渗

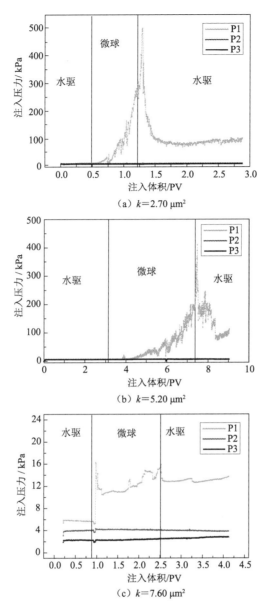

图 4-1-6　不同渗透率下的毫米级弹性微球的注入压力与注入体积关系

（毫米级微球,质量浓度 3 000 mg/L,溶胀温度 85 ℃,溶胀时间 10 d,污水）

透率为 5.2 μm^2 的填充砂管,但深入性能较差。

从图 4-1-6(c)中可以看出,对于渗透率为 7.6 μm^2 的填充砂管,注水使压力达到平衡后,改注质量浓度为 3 000 mg/L 的弹性微球分散体系,当注入 1.0 PV 的微球后,填充砂管中靠近进口端的第一个测压点 P1 的压力上升至 16 kPa,改注水后,P1 处压力降至 13 kPa 左右。而填充砂管靠近中间位置和出口端的测压点 P2 和 P3 在注微球及后续水驱过程压力基本保持不变。这表明毫米级微球不能对渗透率 7.6 μm^2 的填充砂管形成有效封堵。

以上现象说明,毫米级微球分散体系对渗透率为 2.7、5.2 μm^2 的填充砂管具有一定的封堵作用,但不能进入砂管深部形成有效封堵。这主要是由于在水中溶胀后的弹性微球注入填充砂管时,弹性微球首先在靠近进口端位置的孔隙中吸附、积累、架桥封堵,加上微球粒径较大,封堵作用强,使得第一个测压点 P1 的压力快速上升,而且随弹性微球注入体积增加,靠近进口端位置的孔隙中弹性微球积累量越来越多,从而使得 P1 的压力上升较快,但由于微球粒径较大,不能深入填充砂管深部进行封堵。

毫米级微球对不同渗透率的填充砂管的封堵性能不同表明,弹性微球的粒径与填充砂管的渗透率存在一定的匹配关系,只有当弹性微球的粒径与储层渗透率相匹配时,弹性微球才能对储层中孔隙较大的孔道形成有效封堵,且可以深入储层深部。上述实验结果表明,毫米级微球的粒径大小与渗透率为 $2.7~\mu m^2$、$5.2~\mu m^2$ 的填充砂管孔隙大小存在一定匹配关系,对填充砂管起到封堵作用。

3. 纳米级弹性微球与储层渗透率匹配性

将质量浓度为 $1~000~mg/L$ 的纳米级弹性微球在 85 ℃下溶胀 5 d 后保持一定的流动线速度,通过不同渗透率的填充砂管,测得其封堵率及突破压力梯度变化,结果见表 4-1-2。膨胀 5 d 的微球,对渗透率 $0.6\sim0.8~\mu m^2$ 的填充砂管封堵率为 70% 以上;对渗透率 $1\sim2~\mu m^2$ 的填充砂管封堵率降低为 50% 以下;随渗透率增加,封堵率降低。

表 4-1-2　渗透率对纳米级微球封堵性影响

岩　心	水侧渗透率 k_{w1} $/\mu m^2$	微球注入 PV 数	突破压力梯度 $/(MPa \cdot m^{-1})$	突破后渗透率 k_{w2} $/\mu m^2$	封堵率 $\eta_w/\%$
1	0.625	0.3	0.130	0.177	71.7
2	0.780	0.3	0.116	0.216	72.3
3	1.316	0.3	0.057	0.679	48.0
4	2.069	0.3	0.036	1.084	45.0

上述实验结果表明,不同粒径大小的弹性微球所适应的油藏渗透率不同,与油藏渗透率存在一定的匹配关系。只有当弹性微球的粒径与油藏渗透率相匹配时,弹性微球才能对储层形成有效封堵。对于不同渗透率的油藏,当采用弹性微球调驱时,需要选择合适粒径的弹性微球,才能达到最佳的调驱效果。

微球与油藏渗透率、孔喉匹配关系结论:按照 Kozeny 公式(4-1-4),已知渗透率可算出孔喉直径,选择相应微球,膨胀后的粒径与由渗透率计算出的孔喉直径匹配关系为 $1.0\sim2.0$ 倍时,封堵率较高(表 4-1-3)。

$$d = \sqrt{\frac{32k}{\phi}} \tag{4-1-4}$$

表 4-1-3　不同地层孔喉下的封堵率

膨胀后微球粒径 $/\mu m$	渗透率$/\mu m^2$	封堵率/%	突破压力梯度 $/(MPa \cdot m^{-1})$	孔喉直径$/\mu m$	微球直径与地层孔喉直径比
15	0.42	97.00	0.320	7.30	2.0

膨胀后微球粒径 /μm	渗透率/μm^2	封堵率/%	突破压力梯度 /(MPa·m^{-1})	孔喉直径/μm	微球直径与地层孔喉直径比
10	0.39	80.80	0.180	6.65	1.5
15	1.42	63.30	0.060	12.31	1.2
15	2.16	52.80	0.050	15.20	1.0
15	3.30	30.80	0.026	18.76	0.8
15	4.70	25.00	0.010	22.39	0.7

第二节　弹性微球调驱方案工艺设计

微球调剖剂必须与储层孔喉直径相匹配才能具有良好的封堵效果。如果微球直径太小,则不能产生有效的封堵;如果微球直径过大,则注入困难,难以达到储层深部,且可能伤害油气层。因此研究弹性微球与开发过程中储层参数的匹配关系,对合理选择微球直径、优化微球调剖方案、实现最佳调剖效果具有重要的指导意义。

一、储层条件微球直径确定

1. 与油藏初始状态匹配的微球直径

对于储层岩石孔喉的描述,目前常用的分布函数有正态分布函数、对数正态分布函数、瑞利分布函数、截断正态分布函数和威布尔分布函数。这里采用较有代表性的威布尔分布函数表征喉道直径的分布,其概率密度函数

$$f(x,\alpha,\beta)=\frac{\alpha}{\beta}(x-\delta)^{\alpha-1}\exp[-(x-\delta)^{\alpha}/\beta] \quad (x\geqslant\delta) \tag{4-2-1}$$

式中　α——形状参数,$\alpha>1$;

　　　β——尺度参数,$\beta>0$;

　　　δ——位置参数,$\delta\geqslant0$。

其累积概率分布函数为:

$$\eta=-\exp[-(D-\delta)^{\alpha}/\beta]+1 \tag{4-2-2}$$

式中　D——孔喉直径,μm。

整理式(4-2-2)得累积分布与孔喉直径之间的关系为:

$$D=[-\beta\ln(1-\eta)]^{\frac{1}{\alpha}}+\delta \tag{4-2-3}$$

微球随注入水进入储层,运移首先是沿着渗流阻力最小的方向进行,因此其深部液流转向作用主要发生在大的孔隙喉道中,因此选择累积概率70%~75%对应的喉道直径作为与油藏初始状态匹配的微球直径,即

$$D_1=D_{70\sim75}=[-\beta\ln(1-\eta)]^{\frac{1}{\alpha}}+\delta \tag{4-2-4}$$

式中　$D_{70\sim75}$——累积概率70%~75%对应的喉道直径,μm;

　　　D_1——与油藏初始状态匹配的微球直径,μm。

2. 开发后期水驱冲刷作用对微球直径的修正

经过长期的注水开发,储层物性及流体性质等均发生了明显变化,油水运动规律、油水动态分布日趋复杂。储集层岩石的孔隙结构是影响油藏储集能力和油气开采的主要因素。油气储集层的微观孔隙结构特征控制流体在岩石孔隙中的流动、渗流特征及驱油效率。研究表明,经过长期水驱后流体的主要渗流喉道半径增大,对渗流的贡献率增大,水驱前后孔隙半径分布没有明显的变化,储集层控制渗流特征的主要因素是喉道特征,而不是孔隙特征。而微球调驱的机理在于对喉道进行有效封堵,压力升至一定值后微球发生弹性变形,继续向深部运移,继续对下一个喉道进行封堵。因此,针对高含水开发后期水驱冲刷作用对储层孔隙喉道机构的影响,有必要对微球直径进行修正。

长期水驱会使主要渗流喉道半径增大,假设长期水驱过程为平面径向流,利用注采井组之间的调配见效时间可以描述开发后期强吸水储层的孔喉直径变化规律。

根据平面径向流公式,利用达西定律计算单一流体沿某一均质储集层从供给边缘运移到另一口井所需的时间为:

$$t = \frac{\phi \mu \ln \dfrac{R_e}{R_w}}{2k(p_e - p_w)}(R_e^2 - R_w^2) \tag{4-2-5}$$

式中　t——注水调配油井见效时间,s;

　　　ϕ——孔隙度;

　　　R_e、R_w——供给半径和井筒半径,cm;

　　　k——渗透率,μm^2;

　　　μ——注入水黏度,mPa·s;

　　　p_e、p_w——分别为供给边缘压力和井底流压,10^{-1} MPa。

对特高含水层段,可近似认为只有水相单相流体流动,根据式(4-2-5)可计算这一阶段的 k/ϕ,即

$$\frac{k}{\phi} = \frac{\mu \ln \dfrac{R_e}{R_w}(R_e^2 - R_w^2)}{2t(p_e - p_w)} \tag{4-2-6}$$

对理想均质岩石(单位面积内有 n 根半径为 r 的毛管),若其渗流阻力与实际岩石的渗流阻力相等,则其喉道直径为:

$$D' = 2\tau\sqrt{8k/\phi} \tag{4-2-7}$$

式中　D'——高含水后期储层喉道的直径,μm^2;

　　　τ——迂曲度。

由于微球直径正比于喉道直径,高含水后期与储层岩石孔喉匹配的微球直径满足如下关系:

$$D_2 = \frac{D'}{\bar{d}}D_1 \tag{4-2-8}$$

式中　D_2——高含水后期修正后的微球直径,μm;

　　　$\bar{d}$——油藏初始状态的平均喉道直径,μm。

3. 储层非均质性对微球直径的修正

开发后期水驱冲刷作用对喉道直径的修正值实际上是高含水层段的平均喉道直径。考虑到实际储层的非均质性,特高含水层的最大喉道直径为:

$$D'_{\max} = D' \sqrt{\beta_k} \tag{4-2-9}$$

式中　$D'_{\max}$——特高含水层的最大喉道直径,μm;

　　　β_k——储层渗透率非均质系数。

因此,根据实际储层的非均质条件,对与之相匹配的微球直径进行修正,得到储层条件下弹性微球的直径为:

$$D_3 = D_2 \sqrt{\beta_k} \tag{4-2-10}$$

式中　D_3——储层条件下弹性微球的直径,μm。

根据微球的吸水膨胀性可以反算得到地面合成微球的直径:

$$D_s = \frac{D_3}{Q} \tag{4-2-11}$$

式中　D_s——地面条件下合成弹性微球的直径,μm;

　　　Q——微球的膨胀倍数。

以下以永 8 $S_2 5^1$ 试验区弹性微球粒径为例,利用上述公式对其进行计算。

永 8 $S_2 5^1$ 层系喉道直径为 $1.23 \sim 49.51\ \mu$m,平均 $13.34\ \mu$m;迁曲度为 2;重组后非均质系数为 5;储层温度为 65 ℃;矿化度为 55 000 mg/L;供给半径为 150 m;井筒半径为 0.1 m;生产压差为 8 MPa;地层条件下注入水黏度为 0.3 mPa·s;注水调配油井见效时间最快 2 d,一般为 10 d。

计算结果:与油藏初始状态匹配的微球直径为 $17 \sim 19\ \mu$m;注水开发后期修正的微球直径一般为 $27 \sim 30\ \mu$m,最大为 $60.2 \sim 66.9\ \mu$m;考虑储层非均质性的微球直径一般为 $60.3 \sim 67.8\ \mu$m,最大为 $0.13 \sim 0.15$ mm。

二、弹性微球调驱用量设计

1. 微球等压力梯度

单个微球在孔喉中的运移变形情况如图 4-2-1 所示。当直径小于喉道直径时,微球可以顺利运移通过该喉道(图 4-2-1a)。当微球直径大于孔喉直径时,微球在喉道处堵塞,形成渗流阻力,使后续注入流体发生液流转向;当压力升高到某一值时,微球发生弹性变形而通过该喉道并继续向储层深部运移(图 4-2-1b)。

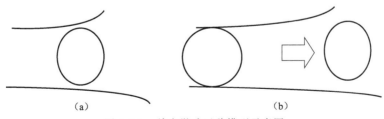

（a）　　　　　　　　　　（b）

图 4-2-1　单个微球运移模型示意图

微球通过一个喉道的完整过程可以用微球界面形变量来描述其变形运移关系,对于任意一个喉道有：

$$\Delta S = \begin{cases} \dfrac{1}{4}\pi D^2 - \dfrac{1}{4}\pi d^2 & (D \geqslant d) \\ 0 & (D < d) \end{cases}$$ (4-2-12)

式中 ΔS——微球界面形变量，μm^2；

D——微球吸水膨胀后直径，μm；

d——优势通道的孔喉直径，μm。

单个微球封堵时，逐渐发生弹性变形，产生一个附加阻力。当微球处于运移的临界状态时，其弹性形变量达到最大值，此时的附加压力也达到最大值 p_δ：

$$p_\delta = E\left(\frac{D^2}{d^2} - 1\right)$$ (4-2-13)

式中 E——微球弹性模量，MPa；

p_δ——微球物理堵塞喉道并发生最大弹性形变时引起的附加压力，MPa。

当压力超过 p_δ 时，微球形变过程结束，运移通过该喉道。

微球调剖的理想条件是每个吼道都有一个起封堵作用的微球，则对单位长度地层进行封堵所产生的叠加的附加压力为：

$$\Delta p' = \frac{1}{l}E\left(\frac{D^2}{d^2} - 1\right)$$ (4-2-14)

式中 $\Delta p'$——叠加的附加压力，MPa；

l——喉道平均长度，m。

欲使微球调剖取得预期效果，即使微球调剖的实际压力增量与预期增幅相同，则应满足如下关系：

$$\Delta p = \int_{r_w}^{r_e} \Delta p' \mathrm{d}r$$ (4-2-15)

其中

$$\Delta p = p_2 - p_1$$ (4-2-16)

于是微球的调剖半径为：

$$r = \frac{\Delta p l}{E\left(\frac{D^2}{d^2} - 1\right)} + r_w$$ (4-2-17)

式中 Δp——预期压力增幅，MPa；

p_1、p_2——调剖前、后的注入压力，MPa；

r——调剖半径，m；

r_w——井筒半径，m。

2. 微球调驱用量

取如图 4-2-2 所示的等径球形颗粒岩石骨架模型为单元体，其配位数为 6，即一个单元体中包含 6 个喉道，因此可以得到调驱半径范围内总的喉道数量为：

$$N' = \frac{3}{4l^3}\pi h\left[\frac{\Delta p l}{E\left(\dfrac{D^2}{d^2} - 1\right)} + r_w\right]^2$$ (4-2-18)

 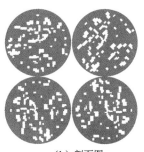

（a）立体图 （b）剖面图

图 4-2-2 等径球形颗粒岩石骨架模型示意图

式中 N'——调驱半径范围内总的喉道数量，个；

　　h——调驱目的层有效厚度，m。

真实储层岩石的喉道直径大小不等，微球在其中的运移封堵存在如下三种形式：

（1）$D>d$ 时，微球直接封堵喉道；

（2）$d/3<D<d$ 时，按照 1/3 架桥理论，3 个微球架桥封堵一个喉道；

（3）$D<d/3$ 时，微球在喉道中可自由运移，不会封堵喉道。

对于储层岩石孔喉的描述，根据封堵分布概率密度函数公式（4-2-1），则喉道直径分布如图 4-2-3 所示。从图中可以看出，调驱封堵的喉道包括两部分：① 小于微球直径的喉道；② 大于微球直径但小于 3 倍微球直径的喉道。

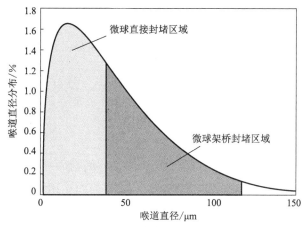

图 4-2-3 喉道直径分布示意图

对调驱半径范围内的喉道进行封堵所需要的微球数量为：

$$N = N'\int_{d_{\min}}^{D} f(x)\mathrm{d}x + 3N'\int_{D}^{3D} f(x)\mathrm{d}x \qquad (4\text{-}2\text{-}19)$$

式中 N——调驱所需的微球数量，个；

　　$d_{\min}$——最小喉道直径，μm。

单位质量微球中的微球个数为：

$$N''=\frac{6}{\pi\rho_0 D_0^3} \qquad (4\text{-}2\text{-}20)$$

故调驱所需的微球用量为：

$$m = \frac{\frac{3}{4l^3}\pi h \left[\frac{\Delta pl}{E\left(\frac{D^2}{d^2}-1\right)}+r_{\mathrm{w}}\right]^2 \left[\int_{d_{\min}}^{D} f(x)\mathrm{d}x + 3\int_{D}^{3D} f(x)\mathrm{d}x\right]}{\frac{6}{\pi\rho_0 D_0^3}} \tag{4-2-21}$$

式中　N''——单位质量微球的个数,个/kg;

　　　ρ_0——微球密度,kg/m³;

　　　D_0——微球的地面原始直径,μm;

　　　m——等压梯度法设计的微球用量,kg。

三、微球调驱方案工艺设计

1. 微球调驱方案设计

运用等压力梯度法可以确定调驱微球的用量 m,微球分散体系密度为 ρ_0($\rho_0=1\,000$ kg/m³),则微球质量分数 ω 可表示为:

$$\omega = \frac{m}{qT\rho_0}\times 100\% \tag{4-2-22}$$

式中　ω——微球质量分数,%;

　　　m——微球用量,kg;

　　　q——配注量,m³/d;

　　　T——调驱周期,d。

假设微球调驱过程采用恒速注入,则压力近似呈线性变化特征,满足如下关系:

$$\Delta p_1 = \frac{t_1}{T}\Delta p \tag{4-2-23}$$

式中　t_1——微球调驱时间,d;

　　　Δp_1——t_1时刻的预期压力增量,MPa;

　　　Δp——预期压力增量,MPa。

如果调驱过程中压力上升过快或过慢,则表明注入微球质量分数不合适,微球调驱可以根据实际情况进行跟踪并适时调整,使注入微球和液流转向作用满足整个油藏的动态需求。

如果压力上升异常,则会出现:

$$\Delta p_1 \neq \Delta p_{实际} \tag{4-2-24}$$

欲使调整前后压力变化连续且平缓,则应满足:

$$\frac{\Delta p - \Delta p_1}{\omega} = \frac{\Delta p - \Delta p_{实际}}{\omega_{调}} \tag{4-2-25}$$

则有:

$$\omega_{调} = \frac{\Delta p - \Delta p_{实际}}{\Delta p - \Delta p_1}\omega \tag{4-2-26}$$

式中　$\Delta p_{实际}$——t_1时刻的实际压力增量,MPa;

　　　$\omega_{调}$——调整后的质量分数,%。

在实际的调整后质量分数发生改变后,必然引起调驱周期的变化,具体表现为:

$$m - m_1 = \omega_{调} \rho_0 q t_2 \tag{4-2-27}$$

式中　t_2——调整后剩余的调驱时间,d。

整理可得:

$$t_2 = \frac{T - t_1}{\dfrac{\Delta p - \Delta p_{实际}}{\Delta p - \Delta p_1}} \tag{4-2-28}$$

因此,调整后的调驱周期为:

$$T_{调} = t_1 + t_2 = t_1 + \frac{T - t_1}{\dfrac{\Delta p - \Delta p_{实际}}{\Delta p - \Delta p_1}} \tag{4-2-29}$$

2. 微球注入工艺方法

微球具有孔喉尺度微小和数量庞大的特点,易分散在水中形成悬浮体系,且悬浮体系黏度几乎不增加,注入时几乎不增加选线的阻力,因此无需改造和新建专门的注入泵站,用比例泵采用在线注入方式即可实现单井组的长时间驱替,改变传统的用大泵进行短时间调剖的方式。

注入方式采用在线注入。在注水过程中通过高压泵将弹性微球母液泵入注水流程,通过调节泵排量或母液质量分数达到设计的微球注入质量分数。在线注入流程如图 4-2-4 所示。

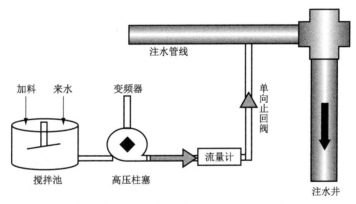

图 4-2-4　微球在线注入工艺流程示意图

弹性微球的特点是在线调驱。调驱施工方式是随着注水在管线上注入地层来实现调驱,随着注入水优先进入高渗透层,调整高渗流场,待封堵高渗透层后会进入相对低渗透层。捞出井内全部水嘴,实施全井调驱。

(1) 配制水。

微球的配制水采用生产注入水。

(2) 注入设备。

选择型号为 JZ-80L/25 MPa 的注入调驱计量泵。

(3) 现场施工步骤。

① 将 JZ-80L/25 MPa 的计量泵、1 台加药泵、药剂罐摆放在距井口安全处;

② 连接加药管线到一侧油管闸门接头处,并将管线固定好,对管线试压 25 MPa,稳压 30 min,不刺不漏为合格;

③ 检查注入管线闸门开关是否灵活好用,若不好用及时整改;

④ 开启注水闸门,按正常注水量对油井进行注水;

⑤ 启动加药泵,待泵压升至与注水压力相同时,缓缓打开泵出口闸门进行加药,调整加药泵的排量达到设计浓度;

⑥ 密切关注井口压力的变化,当井口压力超 9.5 MPa 时,及时调整泵的注入浓度或停止加药直接注水,以保证井口压力不超过泵压;

⑦ 矿场试验注入工艺流程如图 4-2-5 所示。

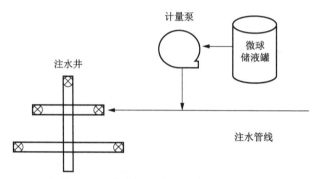

图 4-2-5　微球调驱注入工艺流程示意图

微球调剖剂在水中可迅速分散,直接在注水管线上加入,能够按照配注温和地调整,实现在线调剖,具有设备简单、施工方便的特点,尤其适用于环境恶劣地区的野外施工(图 4-2-6～图 4-2-8)。

（a）单泵多井　　　　　　　　　　（b）单泵单井

图 4-2-6　陆上注入流程

（a）平台注入设备　　　　　　　　（b）在线注入

图 4-2-7　海上平台注入流程

图 4-2-8 注入罐实物图

第三节 微球调驱效果及优化决策

一、微球调驱效果评价方法

对比油田或油藏调驱效果评价,可以通过对相关指标,如产油量、产水量、压降指数 PI、吸水指数、吸水剖面以及投入产出比等的对比,评价调驱效果的好坏,以及实施调驱后是否达到预期效果,从而为后期开发调整措施的规划提供依据。

1. 调驱措施效果单因素评价方法

(1) 增油量评价。

应用油井措施前后的产油量数据绘制出产油量随时间变化的散点图计算累积增油量,对比的方法有净增油量法和自然递减对比法。

① 净增油量法。

净增油量法是措施前后产量对比,产量增加部分视为措施效果。措施后产油量递减到措施前产量时,措施有效期结束。设措施前产油量为 q_{o1},措施初期产油量为 q_{o2},则措施初始增油量为:

$$\Delta q_{oi} = q_{o2} - q_{o1} \tag{4-3-1}$$

设 t_1 为措施时间,t_2 为措施后产量下降到措施前产量的时间,则措施的有效期为:

$$T = t_2 - t_1 \tag{4-3-2}$$

那么 t_1 到 t_2 期间的总的增油量为:

$$\Delta Q = \int_{t_1}^{t_2} \left[q_o(t) - q_{o1} \right] dt \tag{4-3-3}$$

式中 $q_o(t)$ ——时间 t 的瞬时产油量,m^3/d;

q_{o1} ——措施前的产油量,m^3/d。

② 自然递减对比法。

将调驱措施前后产量数据进行曲线拟合,确定措施前后产量变化规律,两条曲线相交时有效期结束,从而可计算出调剖措施增油量,这种方法也称为措施前后指标自然递减对比法。

当油藏产量进入产量递减阶段后,其递减率为:

$$a = -\frac{1}{q} \frac{dq}{dt} \tag{4-3-4}$$

式中 a ——瞬时递减率,月$^{-1}$或年$^{-1}$;

q——递减阶段 t 时间内的产量，10^4 t/月或者 10^4 t/a；

J. J. Arps 根据矿场实际资料的统计分析，提出了三种递减规律，即指数递减、双曲递减和调和递减，产量与递减率关系如下：

$$\frac{q}{q_i} = \left(\frac{a}{a_i}\right)^n \tag{4-3-5}$$

式中 q_i——递减阶段的初始产量，$10^4 t$；

a_i——初始递减率，月$^{-1}$ 或 a^{-1}；

n——递减指数，$n=1$ 时为调和递减，$n=\infty$ 时为指数递减，$1<n<\infty$ 时为双曲递减。

（2）水驱特征曲线法。

水驱油出（天然水驱或人工水驱）进入中含水开发期后（$f_w>20\%$），N_p-lg W_p 呈直线，该曲线称为水驱特征曲线。

常用的甲型水驱特征曲线为：

$$N_p = A(\lg W_p - \lg B) \tag{4-3-6}$$

式中 N_p——累积产油量，10^4 t；

W_p——累积产水量，10^4 t；

A、B——拟合系数，可以通过线性回归求得。

根据调驱前后表达式可评价增加的可采储量、降低的产水量与含水上升率等指标。

① 增加的可采储量。

油藏的累积产油量与累积产液量关系反映了驱替过程的特征，当单井含水率达到水驱特征曲线适用条件后，不同时期累积掺水的对数和累积产油线性关系，反映了在当时特定井网和措施条件下，稳定生产所控制的水驱储量、可采储量和所能达到的采收率。因此可用调驱前后驱替特征曲线段求取调驱的可采储量，增加的可采储量就是调驱前后可采储量之差。

② 降低的产水量。

根据水驱特征曲线，调驱前后的累积产油量 N_{p1}、N_{p2} 所对应的产水量为 W_{p1}、W_{p2}，则通过调驱降低的产水量 ΔW_p 为：

$$\Delta W_p = W_{p1} - W_{p2} \tag{4-3-7}$$

定义无因次降低水量为：

$$\overline{W}_p = \Delta W_p / W_{p2} = (W_{p1} - W_{p2})/W_{p1} \tag{4-3-8}$$

③ 含水上升率下降。

含水上升率可用如下公式计算：

$$\frac{df}{dR} = \frac{f_{w2} - f_{w1}}{R_2 - R_1} \tag{4-3-9}$$

式中 f——含水率，%；

f_{w1}、f_{w2}——措施前后含水率，%；

R——采出程度，%；

R_1、R_2——措施前后采出程度，%。

分别从调驱前后两条曲线求得两个含水上升率 $\left(\dfrac{df}{dR}\right)_1$、$\left(\dfrac{df}{dR}\right)_2$，则降低的含水率为：

$$\Delta\left(\frac{\mathrm{d}f}{\mathrm{d}R}\right)=\left(\frac{\mathrm{d}f}{\mathrm{d}R}\right)_{1}-\left(\frac{\mathrm{d}f}{\mathrm{d}R}\right)_{2} \tag{4-3-10}$$

（3）注水井吸水指数。

吸水指数能反映油层吸水规律和吸水能力的大小，因而可以通过吸水指数曲线来评价措施效果是否有效。吸水指数标识单位注水压差下的日注水量，单位为 $\mathrm{m^3/(d \cdot MPa)}$：

$$吸水指数=\frac{日注水量}{注水压差}=\frac{日注水量}{注水井流压-注水井静压} \tag{4-3-11}$$

在正常生产情况下，不会关井测试注水静压，所以采用测吸水指数曲线的方法取得不同流压下的注水量，用下式计算：

$$吸水指数=\frac{两种工作制度下的注水量差}{相应两种工作制度下的流压差} \tag{4-3-12}$$

在矿场分析中，为及时掌握吸水能力的变化情况，常采用视吸水指数表示吸水能力：

$$视吸水指数=\frac{日注水量}{井口压力} \tag{4-3-13}$$

（4）经济效益法。

调驱措施的投入包括施工、作业、与调驱相关的测试及堵剂用量费用等，油藏调驱的产出项包括增油项和降水项，可用下式计算：

$$C=(C_1 \cdot \Delta N_p+C_4\Delta W_p)/(C_2 \cdot W+C_3+C_5) \tag{4-3-14}$$

式中　C——整体调驱后产出与投入费用的比值；

　　　C_1——原有价额，万元/t；

　　　C_2——堵剂成本，万元/$\mathrm{m^3}$；

　　　C_3——施工作业成本，万元；

　　　C_4——水处理费用，万元/$\mathrm{m^3}$；

　　　C_5——测试费用，万元；

　　　ΔN_p——总增油量，t；

　　　ΔW_p——降低的产水量，$\mathrm{m^3}$；

　　　W——堵剂用量，$\mathrm{m^3}$。

2. 调驱措施效果模糊综合评判方法

模糊综合评判法即通过一定的模糊变换结合最大隶属度的原则，对与所评价的目标有较大关联的因素，进行综合评价。

（1）模糊综合评判方法基本原理。

假设 P 个评价指标：因素集 $\boldsymbol{U}=[u_1,u_2,\cdots,u_p]$；评语集 $\boldsymbol{V}=[v_1,v_2,\cdots,v_p]$。

针对评语集，对目标从每个因素 $u_i(i=1,2,\cdots,p)$ 方面来转变成矩阵形式，即得到每个单因素对目标来说的评语集的隶属度 $\boldsymbol{R}|u_i$，然后求得模糊矩阵 $\boldsymbol{R}$：

$$\boldsymbol{R}=\begin{bmatrix} \boldsymbol{R}_1|u_1 \\ \boldsymbol{R}_2|u_2 \\ \vdots \\ \boldsymbol{R}_n|u_p \end{bmatrix}=\begin{bmatrix} r_{11} & r_{12} & \cdots & r_{1m} \\ r_{21} & r_{22} & \cdots & r_{2m} \\ \vdots & \vdots & & \vdots \\ r_{p1} & r_{p2} & \cdots & r_{pm} \end{bmatrix}_{pm} \tag{4-3-15}$$

式中　r_{ij}——因素 u_i 对评语 v_j 的隶属度。

通过层次分析的方法来确定评价因素的权重集：$\boldsymbol{A} = [\begin{matrix} a_1 & a_2 & \cdots & a_p \end{matrix}]$。$a_i$ 是因素 u_i 对目标的评语集因素的隶属度。归一化后即 $\sum\limits_{i=1}^{p} a_i = 1, a_i \geqslant 0, i = 1, 2, \cdots, n$。

对 $\boldsymbol{A}$ 与目标的 $\boldsymbol{R}$ 进行模糊计算，得到目标的模糊综合评判结果矩阵 $\boldsymbol{B}$。即

$$\boldsymbol{AR} = [\begin{matrix} a_1 & a_2 & \cdots & a_p \end{matrix}] \begin{bmatrix} r_{11} & r_{12} & \cdots & r_{1m} \\ r_{21} & r_{22} & \cdots & r_{2m} \\ \vdots & \vdots & & \vdots \\ r_{p1} & r_{p2} & \cdots & r_{pm} \end{bmatrix} = [\begin{matrix} b_1 & b_2 & \cdots & b_m \end{matrix}] = \boldsymbol{B} \quad (4\text{-}3\text{-}16)$$

式中 b_j——$\boldsymbol{A}$ 与 $\boldsymbol{R}$ 的第 j 列的运算结果，它表示目标相应于 v_j 模糊评语子集的隶属度。

最后，一般情况下可以采用最大隶属度原则来分析矩阵。

（2）模糊矩阵 $\boldsymbol{R}$ 的确定。

将评价对象的评价结果用"评语"的模糊集合表示即为评语集 $\boldsymbol{V}$。本次评语集采用的是 5 等级的评语集，当然还可以采用 3 等级、7 等级、9 等级的评语集。

对于评价因素集 $\boldsymbol{U} = [\begin{matrix} u_1 & u_2 & \cdots & u_m \end{matrix}]$：

第 j 个因素 u_j 对事物的评价为单因素评价，记为：

$$\boldsymbol{r}_j = (\begin{matrix} r_{j1} & r_{j2} & \cdots & r_{jn} \end{matrix}) \quad (4\text{-}3\text{-}17)$$

将上述单因素评价向量 $\boldsymbol{r}_j$ 组成评判矩阵[23]：

$$\boldsymbol{R} = \begin{bmatrix} r_{11} & r_{12} & \cdots & r_{1n} \\ r_{21} & r_{22} & \cdots & r_{2n} \\ \vdots & \vdots & & \vdots \\ r_{m1} & r_{m2} & \cdots & r_{mn} \end{bmatrix} \quad (4\text{-}3\text{-}18)$$

这里采用较先进的评判矩阵的确定方法，通过一定的隶属度函数来确定单因素的隶属度，这样客观反映了各指标的权重。

评语集 $V = \{$好,较好,中等,较差,差$\}$。

假设某一评价因素 u_j 对评价结果的影响用隶属于评语集 V 中元素的强度来表示，即

$$\boldsymbol{r}_j(x) = [\begin{matrix} r_{j1}(x) & r_{j2}(x) & r_{j3}(x) & r_{j4}(x) & r_{j5}(x) \end{matrix}] \quad (4\text{-}3\text{-}19)$$

如果评价因素 u_j 的评价标准如表 4-3-1 所示。

表 4-3-1　评价因素 u_j 的评价标准表

评　语	好	较　好	中　等	较　差	差
u_j	$a_0 - a_1$	$a_1 - a_2$	$a_2 - a_3$	$a_3 - a_4$	$a_4 - a_5$

在表 4-3-1 中，x 为因素 u_i 的单因素评价结果；$r_{j1}(x), r_{j2}(x), r_{j3}(x), r_{j4}(x), r_{j5}(x)$ 为 x 隶属于各等级的强度；$a_0 \sim a_5$ 为递增或者递减序列。

常用的隶属度函数包括：正态分布函数、梯形分布函数、岭形分布函数、抛物线分布函数等。考虑到注水开发效果评价的特点，同时使隶属函数满足上面的 4 个基本原则，将传统的岭形分布函数进行了引申。具体方法如下：

① 线性等区间变换。

$$s=\min\{a_1-a_0, a_2-a_1, a_3-a_2, a_4-a_3, a_5-a_4\}$$

$$\begin{cases} a_0^*=a_0 \\ a_i^*=a_0^*+i\cdot s \\ x^*=a_{i-1}^*+\dfrac{x-a_{i-1}}{a_i-a_{i-1}}s \end{cases} \qquad i=1,2,\cdots,5 \qquad (4\text{-}3\text{-}20)$$

② 左零点与右零点的确定。

左零点：$C(x^*)=-4s-0.6a_0+1.6x^*$；

右零点：$D(x^*)=s-0.6a_0+1.6x^*$。

③ 分布密度函数的确定。

当 $x^*<\dfrac{a_0^*+a_5^*}{2}$ 时，有：

$$f(y)=\begin{cases} 0.5-0.5\sin\dfrac{\pi}{D(x^*)-x^*}\left(2x^*-y-\dfrac{D(x^*)+x^*}{2}\right) & y\in\left[\min\{2x^*-D(x^*),a_0^*\},x^*\right] \\[3mm] 0.5-0.5\sin\dfrac{\pi}{D(x^*)-x^*}\left(y-\dfrac{D(x^*)+x^*}{2}\right) & y\in\left[x^*,D(x^*)\right) \\[3mm] 0 & \text{其他} \end{cases}$$

$$(4\text{-}3\text{-}21)$$

当 $x^*\geqslant\dfrac{a_0^*+a_5^*}{2}$ 时，有：

$$f(y)=\begin{cases} 0.5+0.5\sin\dfrac{\pi}{x^*-C(x^*)}\left(2x^*-y-\dfrac{x^*+C(x^*)}{2}\right) & y\in\left[\min\{a_5^*,2x^*-C(x^*)\},x^*\right] \\[3mm] 0.5+0.5\sin\dfrac{\pi}{x^*-C(x^*)}\left(y-\dfrac{C(x^*)+x^*}{2}\right) & y\in\left[C(x^*),x^*\right] \\[3mm] 0 & \text{其他} \end{cases}$$

$$(4\text{-}3\text{-}22)$$

④ 隶属度的确定方法。

用区间内的平均分布密度表示该区间的隶属度，有：

$$r_{ji}^*(x)=\frac{1}{a_i^*-a_{i-1}^*}\int_{a_{i-1}^*}^{a_i^*}f(y)\mathrm{d}y \quad i=1,2,3,4,5 \qquad (4\text{-}3\text{-}23)$$

归一化后有：

$$r_{ji}(x)=\frac{r_{ji}^*}{\displaystyle\sum_{i=1}^{5}r_{ji}^*} \quad i=1,2,3,4,5 \qquad (4\text{-}3\text{-}24)$$

（3）评价指标权重集。

$\boldsymbol{W}=[w_1 \quad w_2 \quad w_3 \quad \cdots \quad w_n]$，称为权向量或权重集，确定该向量常用的方法包括：专家咨询法、因子分析法、信息量权数法、主成分分析法、层次分析法、统计法等。本书采用发展较为成熟的反映主观认知程度的层次分析法来确定权重集。

先分析各因素间的关系，建立一个递阶层次的结构模型（图4-3-1）。

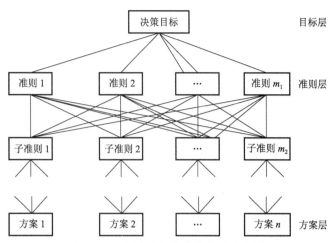

图 4-3-1　层次分析的结构模型示意图

　　然后将因素进行相对重要程度的两两比较,引入 1～9 标度进行量化构造比较判断矩阵,标度的含义见表 4-3-2。

表 4-3-2　层次分析方法标度表

标　度	含　义
1	表示两个元素相比,具有同样重要性
3	表示两个元素相比,前者比后者稍重要
5	表示两个元素相比,前者比后者明显重要
7	表示两个元素相比,前者比后者强烈重要
9	表示两个元素相比,前者比后者极端重要
2,4 6,8	表示上述相邻判断的中间值
倒　数	若元素 i 与元素 j 的重要性之比为 a_{ij},那么元素 j 与元素 i 重要性之比为 $a_{ji}=\dfrac{1}{a_{ij}}$

　　计算判断矩阵的最大特征根 $\lambda_{\max}$ 以及特征向量,归一化后得到某层次相对于其上一层次某一因素的相对权重系数,同时又保证了判断的一致性。

$$CI=\frac{\lambda_{\max}-n}{n-1} \tag{4-3-25}$$

$$CR=CI/RI \tag{4-3-26}$$

式中　CI——检验一致性的指标;
　　　　RI——平均一致性指标,见表 4-3-3;
　　　　CR——随机一致性比率。

表 4-3-3　9 阶矩阵的平均随机一致性指标

阶　数	1	2	3	4	5	6	7	8	9
RI	0.00	0.00	0.58	0.90	1.12	1.24	1.32	1.41	1.45

当 $CR \le 0.1$ 时,认为判断矩阵满足一致性要求,得到的权重集可以接受,否则需要对判断矩阵进行修改。

二、微球调驱效果预测

在对油藏实施调驱前,应该对其调驱效果做出预测。因此需建立一套科学的调驱预测方法,确定调驱措施的技术政策界限及可行性,提高调驱措施的科学性和成功率。由万普尼克(Vapnik)建立的一套机器学习理论,使用统计的方法,由这套理论所引出的支持向量机对机器学习的理论界以及各个应用领域都有极大的贡献。

统计学习理论最核心的概念是 VC(Vapnik Chervonenkis)维,反映了函数集的学习能力,值越大,则学习机器越复杂,学习能力越强,样本容量越大。对于各种类型的函数集,经验风险和实际风险之间的关系就是推广性的界。通过对大量的数据分析发现在经验风险最小化原则下的学习机器的期望风险实际上由两部分组成,可以简单地表示为如下的形式:

$$R(\omega) \le R_{emp}(\omega) + \Phi\left(\frac{h}{n}\right) \tag{4-3-27}$$

式中　$R(\omega)$——期望风险;

　　　ω——训练样本;

　　　h——函数集的 VC 维数;

　　　n——样本数。

公式(4-3-27)的第一部分是经验风险 $R_{emp}(\omega)$(实训风险),第二部分称之为置信范围 $\Phi\left(\frac{h}{n}\right)$(或 VC 置信度),它与学习机的 VC 维数及训练样本数有关。置信界限是期望风险与经验风险差值的上界,它反映了模型复杂性与样本复杂性对泛化能力的影响。它表明在有限训练样本下,学习机器的 VC 维数越高,则置信范围越大,导致真实风险和经济风险之间可能的误差越大(图 4-3-2)。机器学习过程不但要使经济风险最小,还要使 VC 维尽量小,以缩小置信范围,才能取得较小的实际风险,即对未来样本有较好的推广性。支持向量机(Support Victor Machine)和神经网络(Neural Networks)技术是统计学中最为实用的成果之一。

在神经网络中,前馈型网络是一种常用的网络。它结构上采用的信息只能从输入单元到它上面一层单元。其结构是分层的,每一层的输出只与后面单元的输入相关联。广泛应用的 BP 网络为前馈型的一种,其神经单元的输入输出关系采用单调上升的非线性变换。BP 网络通常由输入层、输出层和若干的隐层组成。输入信号从输入层节点,依次传过各隐层节点,然后传到输出节点,每一层节点的输出只影响下一层节点输入。网络的拓扑结构如图 4-3-3 所示。

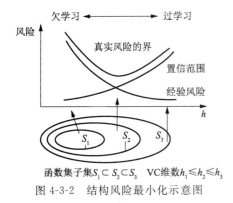

图 4-3-2　结构风险最小化示意图

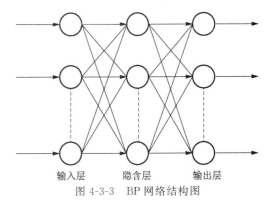

图 4-3-3　BP 网络结构图

下面以一个三层 BP 网络为例，详细讨论其 BP 算法的基础数学理论。网络各层神经元传递函数选取 S 型对数函数 $f(x)=\dfrac{1}{1+e^{-x}}$，且有求导性质 $f'(x)=f(x)[1-f(x)]$。

网络变量设置如下：输入层神经元个数 M；中间层神经元个数 q；输出层神经元个数 L；网络训练样本个数 n；第 r 个输入向量 $\boldsymbol{X}^r=[x_1^r,x_2^r,\cdots,x_M^r]$，$k=1,2,\cdots,n$；第 r 个输出向量 $\boldsymbol{Y}^r=[y_1^r,y_2^r,\cdots,y_L^r]$；第 r 个目标输出向量 $\boldsymbol{T}^r=[t_1^r,t_2^r,\cdots,t_L^r]$；设定输入层神经元自上而下序号为 $1,2,\cdots,i,\cdots M$；设定中间层神经元自上而下序号为 $1,2,\cdots,j,\cdots q$；设定输出层神经元自上而下序号为 $1,2,\cdots,k,\cdots L$；输入层到中间层的连接权值为 w_{ij}；中间层到输出层的连接权值为 w_{jk}；中间层的输入向量 $\boldsymbol{S}^r=[s_1^r,s_2^r,\cdots,s_q^r]$；中间层的输出向量 $\boldsymbol{O}^r=[o_1^r,o_2^r,\cdots,o_q^r]$；输出层的输入向量 $\boldsymbol{U}^r=[u_1^r,u_2^r,\cdots,u_L^r]$；中间层的阈值向量 $\boldsymbol{b}^r=[b_1^r,b_2^r,\cdots,b_q^r]$；输出层的阈值向量 $\boldsymbol{c}^r=[c_1^r,c_2^r,\cdots,c_L^r]$；输入层至中间层的学习速率 α；中间层至输出层的学习速率 β。下面将 BP 算法分为两个过程来进行论述。

（1）前向网络计算过程。

① 计算中间层各节点的输入 $s_j=\left(\sum\limits_{i=1}^M w_{ij}\cdot x_j\right)-b_j$；计算中间层各节点的输出 $o_j=f(s_j)(j=1,2,\cdots,q)$。

$$\begin{bmatrix} s_1 \\ s_2 \\ \vdots \\ s_q \end{bmatrix} = \begin{bmatrix} (w_{11}x_1+w_{21}x_2+\cdots+w_{M1}x_M)-b_1 \\ (w_{12}x_1+w_{22}x_2+\cdots+w_{M2}x_M)-b_2 \\ \vdots \\ (w_{1q}x_1+w_{2q}x_2+\cdots+w_{Mq}x_M)-b_q \end{bmatrix} \tag{4-3-28}$$

$$\begin{bmatrix} o_1 \\ o_2 \\ \vdots \\ o_q \end{bmatrix} = \begin{bmatrix} f(s_1) \\ f(s_2) \\ \vdots \\ f(s_q) \end{bmatrix} \tag{4-3-29}$$

② 计算输出层各节点的输入 $u_k=\left(\sum\limits_{j=1}^q v_{jk}\cdot o_j\right)-c_k$；计算输出层各节点的输出 $y_k=f(u_k)(k=1,2,\cdots,L)$。

$$\begin{bmatrix} u_1 \\ u_2 \\ \vdots \\ u_L \end{bmatrix} = \begin{bmatrix} (v_{11}o_1+v_{21}o_2+\cdots+v_{q1}o_q)-c_1 \\ (v_{12}o_1+v_{22}o_2+\cdots+v_{q2}o_q)-c_2 \\ \vdots \\ (v_{1L}o_1+v_{2L}o_2+\cdots+v_{qL}o_q)-c_L \end{bmatrix} \tag{4-3-30}$$

$$\begin{bmatrix} y_1 \\ y_2 \\ \vdots \\ y_L \end{bmatrix} = \begin{bmatrix} f(u_1) \\ f(u_2) \\ \vdots \\ f(u_L) \end{bmatrix} \tag{4-3-31}$$

设定上面式子是在第 r 个样本输入后的参数表达，在比较期望输出 t 与实际输出 y 后，如误差在设定范围之外，则应参照误差反向传播算法，对各层神经元之间的连接权值和阈值进行修正调整，调整后的连接权值与阈值为第 $r+1$ 个样本输入之前的值。

（2）反向修正调整权值与阈值的过程。

在 BP 算法学习过程中，为了使学习以尽可能快地减小误差的方式进行，对误差的计算采用广义的 δ 规则，其误差函数为：

$$e = \frac{1}{2} \sum_{k=1}^{L} (t_k - y_k)^2 \tag{4-3-32}$$

① 中间层到输出层的连接权值修正。

$$v_{jk}^{r+1} = v_{jk}^r + \Delta v_{jk}^r \tag{4-3-33}$$

为了使连接权值沿着 e 的梯度变化方向得以改善,网络逐渐收敛,BP 算法取 Δv_{jk}^r 正比于 $-\frac{\partial e}{\partial v_{jk}^r}$,即

$$\Delta v_{jk}^r = -\beta \frac{\partial e}{\partial v_{jk}^r} \tag{4-3-34}$$

式中 β——学习速率,又叫增益因子;

   e——关于 y_k 的函数,且表示为:

$$e = \frac{\{t_1 - f[(v_{11}o_1 + v_{21}o_2 + \cdots + v_{q1}o_q) - c_1]\}^2 + \cdots + \{t_L - f[(v_{1L}o_1 + v_{2L}o_2 + \cdots + v_{qL}o_q) - c_L]\}^2}{2}$$

y_k 为关于 u_k 的函数,且 u_k 为关于 v_{jk}^r 的函数,因此,通过连续求导法则可以将 $\frac{\partial e}{\partial v_{jk}^r}$ 写成:

$$\frac{\partial e}{\partial v_{jk}^r} = \frac{\partial e}{\partial y_k} \cdot \frac{\partial y_k}{\partial v_{jk}^r} \tag{4-3-35}$$

$\frac{\partial e}{\partial y_k} = y_k - t_k$,又 $y_k = f(u_k)$,即 $y_k = f[(\sum_{j=1}^{q} v_{jk} \cdot o_j) - c_k]$,且由传递函数 $f(x)$ 的导数性质有:

$$\frac{\partial e}{\partial v_{jk}^r} = (y_k - t_k) \cdot y_k(1 - y_k)o_j \tag{4-3-36}$$

则

$$\Delta v_{jk}^r = -\beta(y_k - t_k) \cdot y_k(1 - y_k)o_j \tag{4-3-37}$$

矩阵表达式为:

$$\Delta \boldsymbol{V} = \begin{bmatrix} \Delta v_{11} & \Delta v_{12} & \cdots & \Delta v_{1L} \\ \Delta v_{21} & \Delta v_{22} & \cdots & \Delta v_{2L} \\ \vdots & \vdots & & \vdots \\ \Delta v_{q1} & \Delta v_{q2} & \cdots & \Delta v_{qL} \end{bmatrix} = \beta \cdot \begin{bmatrix} o_1 \\ o_2 \\ \vdots \\ o_q \end{bmatrix} \begin{bmatrix} y_1 & y_2 & \cdots & y_L \end{bmatrix} \cdot \begin{bmatrix} 1 - y_1 \\ 1 - y_2 \\ \vdots \\ 1 - y_L \end{bmatrix} \cdot \begin{bmatrix} t_1 - y_1 \\ t_2 - y_2 \\ \vdots \\ t_L - y_L \end{bmatrix}^{\mathrm{T}} \tag{4-3-38}$$

在对阈值进行数学表达的时候,可以将其看作输入 $o_c = -1$ 的权值变量进行处理,因此中间层到输出层的阈值修正为:

$$\Delta c_k^r = \beta(y_k - t_k) \cdot y_k \cdot (1 - y_k) \tag{4-3-39}$$

其矩阵表达式为:

$$\Delta \boldsymbol{C} = \begin{bmatrix} \Delta c_1 \\ \Delta c_2 \\ \vdots \\ \Delta c_L \end{bmatrix} = -\beta \cdot \begin{bmatrix} y_1 & y_2 & \cdots & y_L \end{bmatrix} \cdot \begin{bmatrix} 1 - y_1 \\ 1 - y_2 \\ \vdots \\ 1 - y_L \end{bmatrix} \cdot \begin{bmatrix} t_1 - y_1 \\ t_2 - y_2 \\ \vdots \\ t_L - y_L \end{bmatrix} \tag{4-3-40}$$

② 输入层到中间隐含层的连接权值修正。

从上面的关于 e 的表达式中可以看出,e 为关于 o_j 的函数,o_j 为 s_j 的函数,s_j 又为 w_{ij} 的对函数,同时可以看出 e 的表达式中第一步对 o_j 进行求导时包含了 L 项,因此这两层之间的权值修正要比上面两层复杂得多。同样在以误差减小的方向按照梯度下降的规则进行

修正,有:

$$\begin{cases} w_{ij}^{r+1} = w_{ij}^r + \Delta w_{ij}^r \\[2mm] \Delta w_{ij}^r = -\alpha \dfrac{\partial e}{\partial w_{ij}^r} \\[2mm] \dfrac{\partial e}{\partial w_{ij}^r} = \sum_{k=1}^{L} \left(\dfrac{\partial e}{\partial y_k} \cdot \dfrac{\partial y_k}{\partial w_{ij}^r} \right) \end{cases} \tag{4-3-41}$$

其中,$\dfrac{\partial e}{\partial y_k} = y_k - t_k$,且

$$\frac{\partial y_k}{\partial w_{ij}^r} = \frac{\partial y_k}{\partial o_j} \cdot \frac{\partial o_j}{\partial w_{ij}^r}, \frac{\partial y_k}{\partial o_j} = y_k(1-y_k) \cdot v_{jk}$$

$$\frac{\partial o_j}{\partial w_{ij}^r} = \frac{\partial f(s_j)}{\partial s_j} \cdot \frac{\partial \left[\sum\limits_{i=1}^{M}(w_{ij}x_i) - b_j \right]}{\partial w_{ij}^r} = o_j(1-o_j) \cdot x_i$$

将以上式子代入式(4-3-41)可得:

$$\frac{\partial e}{\partial w_{ij}^r} = \sum_{k=1}^{L} \left[(y_k - t_k)y_k(1-y_k) \cdot v_{jk}o_j(1-o_j) \cdot x_i \right] \tag{4-3-42}$$

则权值修正为:

$$\Delta w_{ij}^r = -\alpha \sum_{k=1}^{L} \left[(y_k - t_k)y_k(1-y_k) \cdot v_{jk}o_j(1-o_j) \cdot x_i \right] \tag{4-3-43}$$

上面式子的矩阵表达为:

$$\Delta \boldsymbol{W} = \begin{bmatrix} \Delta w_{11} & \Delta w_{12} & \cdots & \Delta w_{1q} \\ \Delta w_{21} & \Delta w_{22} & \cdots & \Delta w_{2q} \\ \vdots & \vdots & & \vdots \\ \Delta w_{M1} & \Delta w_{M2} & \cdots & \Delta w_{Mq} \end{bmatrix} = \alpha \cdot \begin{bmatrix} x_1 \\ x_2 \\ \vdots \\ x_M \end{bmatrix} \left(\begin{bmatrix} y_1 & y_2 & \cdots & y_L \end{bmatrix} \cdot \begin{bmatrix} 1-y_1 \\ 1-y_2 \\ \vdots \\ 1-y_L \end{bmatrix} \cdot \begin{bmatrix} t_1-y_1 \\ t_2-y_2 \\ \vdots \\ t_L-y_L \end{bmatrix}^{\mathrm{T}} \cdot \right.$$

$$\left. \begin{bmatrix} \Delta v_{11} & \Delta v_{12} & \cdots & \Delta v_{1L} \\ \Delta v_{21} & \Delta v_{22} & \cdots & \Delta v_{2L} \\ \vdots & \vdots & & \vdots \\ \Delta v_{q1} & \Delta v_{q2} & \cdots & \Delta v_{qL} \end{bmatrix}^{\mathrm{T}} \cdot \begin{bmatrix} o_1(1-o_1) & 0 & \cdots & 0 \\ 0 & o_2(1-o_2) & \cdots & 0 \\ \vdots & \vdots & & 0 \\ 0 & 0 & \cdots & o_q(1-o_q) \end{bmatrix} \right)$$

$$\tag{4-3-44}$$

同理,阈值修正量为:

$$\Delta b_j^r = \alpha \sum_{k=1}^{L} \left[(y_k - t_k)y_k(1-y_k) \cdot v_{jk}o_j(1-o_j) \right] \tag{4-3-45}$$

其矩阵表达式为:

$$\Delta \boldsymbol{B} = \begin{bmatrix} \Delta b_1 \\ \Delta b_2 \\ \vdots \\ \Delta b_q \end{bmatrix} \tag{4-3-46}$$

$$\Delta \boldsymbol{B}^{\mathrm{T}} = \alpha \cdot \begin{bmatrix} y_1 & y_2 & \cdots & y_L \end{bmatrix} \cdot \begin{bmatrix} 1-y_1 \\ 1-y_2 \\ \vdots \\ 1-y_L \end{bmatrix} \cdot \begin{bmatrix} t_1-y_1 \\ t_2-y_2 \\ \vdots \\ t_L-y_L \end{bmatrix}^{\mathrm{T}} \cdot \begin{bmatrix} \Delta v_{11} & \Delta v_{12} & \cdots & \Delta v_{1L} \\ \Delta v_{21} & \Delta v_{22} & \cdots & \Delta v_{2L} \\ \vdots & \vdots & & \vdots \\ \Delta v_{q1} & \Delta v_{q2} & \cdots & \Delta v_{qL} \end{bmatrix}^{\mathrm{T}} \cdot$$

$$\begin{bmatrix} o_1(1-o_1) & 0 & \cdots & 0 \\ 0 & o_2(1-o_2) & \cdots & 0 \\ \vdots & \vdots & & 0 \\ 0 & 0 & \cdots & o_q(1-o_q) \end{bmatrix} \qquad (4\text{-}3\text{-}47)$$

以上将 n 个样本逐个进行输入,每次都要对权值与阈值矩阵进行重新修正,在 n 个样本输入完后,权值与阈值固定,自此网络完成学习达到稳定状态的全部过程。由于 BP 网络是对人大脑学习的一个模仿过程,显而易见的是在对一个新事物的学习后就要改变前一个事物的学习,这样的过程缺乏全局性。因此,在进行网络训练时,对连接权值的调整时机可以基于系统平均误差 $E=\dfrac{1}{2n}\sum\limits_{r=1}^{n}\sum\limits_{k=1}^{L}(t_k^r - y_k^r)^2$ 进行,即在所有的样本输入后计算其总的误差,按照此误差减小的梯度进行反向传播,直到网络收敛满足要求。这种方法称为批处理,批处理的优点是迭代次数减小,网络训练时间缩短,且能得到更为满意的结果。

三、微球调驱优化决策

PI(pressure index)决策技术即压力指数决策技术。该技术是以注水井井口压降曲线为资料基础,以 PI 值为区块整体调剖决策参数的技术。

PI 决策技术可以解决中高含水油田以调剖为主的区块综合治理中 6 大方面问题:① 判断区块调剖的必要性;② 决定区块上需要调剖的注水井;③ 选择适合地层特征的调剖剂;④ 计算调剖剂用量;⑤ 评价调剖效果;⑥ 确定调剖周期。

PI 决策技术又称压力指数决策技术,是一项以决策参数 PI_t^G 值决定区块整体调剖重大问题的技术。PI 值是根据其定义由注水井井口压降曲线算得的。注水井井口压降曲线是指突然关井后注水井井口压力随时间的降落曲线。为了取得注水井井口压降曲线,可在正常的注水条件下突然关井,记录井口压力随时间变化,然后以压力为纵坐标,以时间为横坐标,画出注水井的井口压降曲线。图 4-3-4 为 3 条典型的注水井井口压降曲线,曲线 Ⅰ、曲线 Ⅱ 和曲线 Ⅲ 分别是注水井与高渗透层、中渗透层和低渗透层连通得到的。

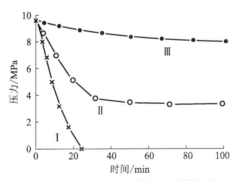

图 4-3-4　典型的注水井井口压降曲线

为将注水井井口压降曲线量化为一个决策参数,可将关井时间为 t 时曲线下的面积积分算出(图 4-3-5),再由式(4-3-48)算出 PI_t 值:

$$PI_t = \frac{\int_0^t p(t)\,dt}{t} \qquad (4\text{-}3\text{-}48)$$

式中　PI_t——注水井关井时间为 t 时的压力指数值,MPa;

　　　$p(t)$——注水井关井时间为 t 时的压力,MPa;

t——注水井的关井时间，min。

从式(4-3-48)和图 4-3-5 可以看出，在相同关井时间 t 的条件下，PI_t 值越小，注水地层的渗透率越高。

由于各注水井注水强度 (q/h) 不同，使得各注水井的 PI_t 值不具有可比性，为使注水井的 PI_t 值可与区块中其他注水井的 PI_t 值相比较，从而反映注水井连通地层的渗透性，应将各注水井的 PI_t 值归整至一个相同的 q/h 值。这个相同的 q/h 值可选区块注水井的 q/h 平均值的就近归整值。由式(4-3-49)可得 PI_t 值的归整值 PI_t^G：

$$PI_t^G = \frac{PI_t}{q/h} \cdot G \tag{4-3-49}$$

式中　PI_t^G——PI_t 值归整值，MPa；

　　　　q/h——注水井注水强度，$m^3/(d \cdot m)$；

　　　　G——区块注水井 q/h 平均值的就近归整值，$m^3 \cdot d^{-1} \cdot m^{-1}$。

以 PI_t^G 值作为区块整体调剖决策参数，PI_t^G 值与地层渗透率反相关，该值越小，说明目前地层渗透率越高，地层越需要调剖。

调剖的充分程度可用注水井井口压降曲线算出的充满度（FD 值）判断。图 4-3-6 是用于说明注水井井口压降曲线充满度的概念图，充满度等于注水井井口压降曲线下的面积 $\int_0^t p(t)dt$ 占 $p_0 \cdot t$ 面积的分数。

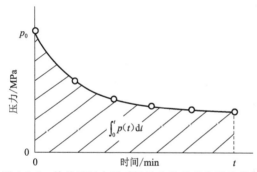

图 4-3-5　关井后压力随时间的变化关系曲线示意图

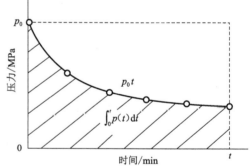

图 4-3-6　注水井井口压降曲线充满度的概念图

充满度由下式定义：

$$FD = \frac{\int_0^t p(t)dt}{p_0 t} = \frac{1}{p_0} \cdot \frac{\int_0^t p(t)dt}{t} = \frac{PI_t}{p_0} \tag{4-3-50}$$

式中　FD——充满度，小数；

　　　　p_0——关井前注水井的注水压力，MPa；

　　　　t——关井后所经历的时间，min；

　　　　PI_t——关井时间为 t 时的压力指数值，MPa。

从式(4-3-50)可以看出，充满度可由 PI_t 值和关井前注水井的注水压力 p_0 算出。若 $FD = 0$，即 $PI_t = 0$，表示地层为优势渗流通道控制，关井后井口压力立即降至 0；若 $FD = 1$，即 $PI = p_0$，表示地层无渗透性，关井后井口压力不变。通常情况下，调剖井调剖前，FD 值均小于 0.65，而调剖后，FD 值一般在 0.65～0.95。因此注水井井口压降曲线的充满度可作为注水井调剖充分程度的判断。

从表 4-3-4 可以看出，2013 年 8 月 30 日对调剖井组决策，永 8-52 井的 $PI_{90'}^{10.00}$ 为

0.05 MPa，FD 值为 0.01；永 8-侧 55 井的 $PI_{90'}^{10.00}$ 为 0.15 MPa，FD 值为 0.03；永 8-7 井的 $PI_{90'}^{10.00}$ 为 5.97 MPa，FD 值为 0.71。

表 4-3-4　调剖井井口压降决策表（2013-08-30）

标　号	井　号	日　期	注水层厚度/m	日注量/(m³·d⁻¹)	注水压力/MPa	PI_{90}/MPa	FD	q/h/(m³·d⁻¹·m⁻¹)	PI_{90}^{10}/MPa
1	永 8-52	2013-08-30	4.5	56.16	4.2	0.06	0.01	12.48	0.05
2	永 8-侧 55	2013-08-30	5.0	50.64	5.0	0.15	0.03	10.13	0.15
3	永 8-7	2013-08-30	8.7	87.84	8.5	6.03	0.71	10.1	5.97
平　均			6.07	64.88	5.9	2.08	0.25	10.9	2.06

从表 4-3-5 可以看出，2014 年 4 月对永 8-52 井测试，$PI_{90'}^{10.00}$ 为 0.16 MPa，FD 值为 0.03；8C55 井的 $PI_{90'}^{10.00}$ 为 0.1 MPa，FD 值为 0.02。

表 4-3-5　按 PI 归整值排序（2014 年 4 月）

标　号	井　号	日　期	注水层厚度/m	日注量(m³·d⁻¹)	注水压力/MPa	PI_{90}/MPa	FD	q/h(m³·d⁻¹·m⁻¹)	PI_{90}^{10}/MPa
1	永 8-侧 55	2014 年 4 月	5.0	50	5.3	0.10	0.02	10.00	0.10
2	永 8-52	2014 年 4 月	4.5	52	5.2	0.18	0.03	11.56	0.16
平　均			4.75	51	5.25	0.14	0.03	10.78	0.13

第五章
永8断块弹性微球深部调驱实践

在永 8 断块油藏地质及开发特征概况基础上,对实验区块进行优势渗流场油藏定量描述,结合单井选取粒径和强度匹配的弹性微球,然后对永 8 实验区块进行微球粒径和段塞组合的矿场调驱实践。

第一节　永 8 断块油藏地质开发特征

一、永 8 断块油藏地质特征

1. 构造特征

永 8 断块位于新立村油田的南部,是一个受南、北边界断层控制并被一组南北走向断层切割的复杂断块油藏,主力含油层系 S_25 ～ S_28 砂层组,油层埋深 1 840 ～ 2 100 m,含油面积 1.2 km²,地质储量 1 214×10⁴ t。

永 8 断块整体构造为在三条二级断层夹持下的多套断裂系统共存、内部低级序断层发育、构造扭曲严重的鼻状构造,构造北高南低,地层倾角在 6°～10°,构造落差在 100 m 左右,被断层切割成四个断块,主要含油小断块为永 8-斜 4 块、永 8-7 块和永 8-9 块(图 5-1-1)。

永 8 主体含油面积区块的断层有两组共 11 条。第一组断层为东西走向,北倾,断层倾角 35°～50°,这组断层包括 1 号、2 号和 8 号断层。第二组断层为南北走向,断面倾角变化较大,倾角为 45°～67°,这组断层包括 3 号、4 号、5 号、6 号、7 号和 9 号断层。永 8 断块的 4 条边界断层封堵性较好,内部的 8 条断层的封堵性较差。因此,该块实际上是一个面积约 2 km² 的封闭断块,但是细分的三个断块基本处于连通状态,永 8 断块整体边水不活跃,油层开发过程中需及时注水补充地层能量。

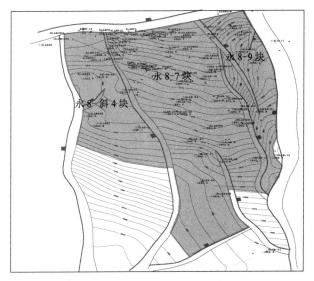

图 5-1-1　永 8 断块 $S_2 5^1$ 顶面微构造图

2. 储集层特征

对永 8-7 井 $S_2 5 \sim S_2 8$ 砂层组沉积特征的描述，参照永 8 块邻区的区域资料，$S_2 5 \sim S_2 8$ 砂层组沉积相为进积三角洲相。结合进积三角洲相模式，进一步划分了亚相和微相，划分结果：$S_2 5 \sim S_2 6$ 砂层组为三角洲平原亚相；$S_2 7 \sim S_2 8$ 砂层组为三角洲前缘亚相（图 5-1-2）。

图 5-1-2　$S_2 6^5$ 小层沉积相图

通过永 8-7 井岩心观察及粒度分析资料可得：$S_2 7^4 \sim S_2 8$ 砂层组，储层粒度由下向上逐渐变粗，反映沉积体系能量逐渐增强，为反韵律沉积；$S_2 5 \sim S_2 7^3$ 砂层组，同一砂体粒度向上变细或基本不变，呈现出正韵律或复合韵律（图 5-1-3）。研究表明永 8 块 $S_2 5 \sim S_2 8$ 砂层组属于永安镇三角洲复合体，砂体在平面呈朵状、扇状展布，基本呈北东东向延伸展布，物源来自东部或东北部（图 5-1-4）。

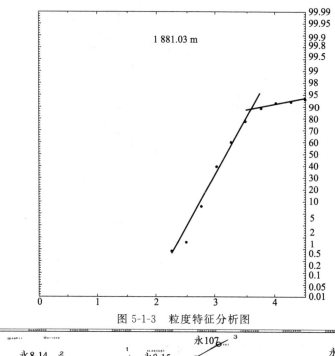

图 5-1-3　粒度特征分析图

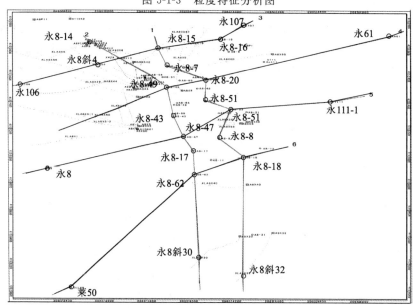

图 5-1-4　永 8 块 S_25～S_28 砂体物源示意图

储层以高孔、高渗为主,层间、层内非均质性强(图 5-1-5)。S_25～S_28 砂层组的平均孔隙度为 33%,从上至下各砂层组孔隙度逐渐增大,孔隙度在 27.7%～33.1%,S_28 砂层组孔隙度最大,平均 35.3%;S_25 砂层组孔隙度最小,平均为 31.7%。S_25～S_28 砂层组平均渗透率为 $2\,419\times10^{-3}$ μm^2,从上至下 S_25～S_27 砂层组平均渗透率由 $1\,406\times10^{-3}$ μm^2 增至 $2\,940\times10^{-3}$ μm^2,S_28 砂层组平均渗透率最低,为 998×10^{-3} μm^2。S_28 砂层组渗透率低的原因是黏土矿物含量高。针对永 8-7 井各主力小层渗透率均较高,5^1、5^5、6^4、6^5、7^4 五个主力小层渗透率均大于 $1\,000\times10^{-3}$ μm^2,各小层渗透率级差基本都小于 5,渗透率变异系数平均在 0.4～0.6,渗透率突进系数在 1.5 左右。反映永 8 断块储层渗透率层内相对均质,层间差异小,平面变化不大。

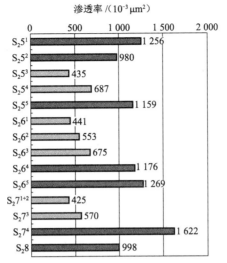

图 5-1-5 永 8 $S_25\sim S_28$ 砂层组非均质性特征图

3. 流体特征

据 4 口井统计资料分析,永 8 断块油藏地面原油密度为 0.908~0.964 g/cm³,平均为 0.945 g/cm³,地面原油黏度 437~6 940 mPa·s,平均为 3 755 mPa·s,从上到下原油黏度逐渐增大(表 5-1-1),凝固点 14~26 ℃,含蜡 3.43%~4.87%,含硫 1.51%~1.91%,胶质含量 36.74%~38.95%,表现出高密度、高黏度、高凝固点、高含蜡、含硫、多胶质的特点,原油性质较差。

表 5-1-1 永 8 断块原油黏度统计表

层 位	地面原油密度/(g·cm⁻³)		地面原油黏度/(mPa·s)		油藏埋深/ m
	范 围	平均值	范 围	平均值	
S_25	0.908~0.950	0.930	191.6~3 132	1 480	1 840~1 890
S_26	0.919~0.951	0.937	437~3 656	2 316	1 892~1 920
S_27^{1-3}	0.931~0.948	0.941	3 238~5 326	3 986	1 921~1 936
S_27^4	0.942~0.958	0.953	3 733~6 549	4 966	1 938~1 975
S_27	0.931~0.958	0.950	3 238~6 549	4 588	1 921~1 975
S_28	0.950~0.964	0.957	3 458~6 940	5 199	1 976~2 010

平面上只有 S_26 砂组取得 2 口井的地面原油性质数据,位于构造顶部的永 8-7 井的地面原油黏度只有 875 mPa·s,而位于边部的永 8-2 井地面原油黏度为 2 300 mPa·s,符合顶稀边稠的一般规律。

地层水水型以 $CaCl_2$ 为主,总矿化度在 28 400~49 800 mg/L(表 5-1-2),其中氯离子含量 14 500~29 900 mg/L。

表 5-1-2　永 8 断块历年产出水矿化度统计表　　　　单位:mg/L

层　位	年　度			
	2001 年前	2002 年	2003 年	2004 年以后
$S_2 5$	28 487	30 831	31 776	30 907
$S_2 6$	49 820	42 178	44 141	40 165
$S_2 7$	37 176	29 655	43 918	43 207

4. 油藏类型

永 8 断块范围小,四周被断层封闭,砂体大面积连片分布,油层分布主要受构造高低控制,具统一油水界面。$S_2 5$ 砂层组有 4 个含油小层,每个小层具有不同的油水系统。$S_2 6$、$S_2 7$、$S_2 8$ 砂层组内各小层之间部分或全部连通,砂层组内油水界面统一,这 3 个砂层组均为块状断块油藏(图 5-1-6)。原始地层压力 18.67 MPa,压力系数 0.94～1.01,原始饱和压力 1.61 MPa,地饱压差 17.06 MPa,地层原始温度 71～86 ℃,油藏地温梯度 3.3 ℃/100 m,属常温常压低饱和油藏。

综上分析,永 8 断块油藏类型为:高渗透、中稠油,层内、层间非均质性强,低饱和、常温、常压、弱边水断块油藏。

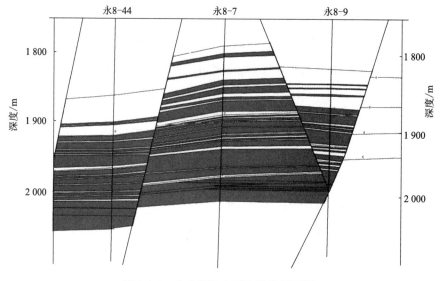

图 5-1-6　永 8 断块东西向油藏剖面图

二、永 8 断块油藏开发特征

1. 开发历程

永 8 断块的勘探始于 1966 年,于 1998 年 6 月进行试油试采,1999 年 3 月投入开发,截止到 2011 年 7 月共经历了以下 4 个开发阶段(图 5-1-7)。

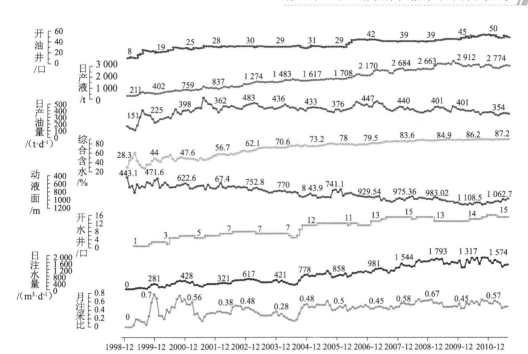

图 5-1-7　永 8 断块综合开发曲线

（1）试油试采阶段（1998 年 6 月—1999 年 3 月）。

1998 年进行试油试采，共有试采井 5 口，试油井 1 口。该阶段生产初期平均单井日产油 34.9 t，含水 20.0%，阶段末累油（累产油）1.83×10^4 t，采出程度 0.15%，含水 21.6%。试油井永 8-7 井 $S_2 5^1 \sim S_2 5^2$ 小层日产油 59.7 t，$S_2 5^5$ 小层日产油 115 t，$S_2 6^5$ 小层日产油 62.2 t。

（2）产能建设阶段（1999 年 4 月—2000 年 12 月）。

产能建设阶段有生产井 19 口，其中水平井 4 口。采油速度 0.86%，平均单井日产油 18.3 t，平均年产油量 10.42×10^4 t。1999 年 9 月开始按边缘注水方式注水，注水井 5 口，平均单井日注水 73 m^3。阶段末累注水 9.7×10^4 m^3，阶段末累油 23.95×10^4 t，采出程度 1.97%，含水 47.6%。

（3）综合调整阶段（2001 年 1 月—2006 年 2 月）。

该阶段有水平井 10 口，生产井共 31 口。采油速度 1.33%，平均单井日产油 18.5 t，平均年产油量 16.12×10^4 t。有 6 口井转注，阶段末累注水 92.6×10^4 m^3，阶段末累油 98.61×10^4 t，采出程度 8.12%，含水 78.1%。

（4）细分层系综合调整阶段（2006 年 2 月—2010 年 12 月）。

该阶段有水平井 15 口，共有 44 口生产井。采油速度 0.87%，平均年产油量 8×10^4 t。阶段末累油 164.5×10^4 t，采出程度 13.5%，含水 88.4%。

2. 开发效果

截至 2011 年 7 月，永 8 断块共投产油井 56 口，开井 44 口，其中 15 口水平井，区块日产液 2 947 t，日产油 341 t，采油速度 0.78%，综合含水 88.4%，累油 164.5×10^4 t，采出程度 13.3%，累积注采比 0.48。

永 8 断块目前分 S_2、$S_2 5^{1-2}$、$S_2 5^{3-5}$、$S_2 6$、$S_2 7^{1-3}$、$S_2 7^{4-8}$ 五套层系开采，各层系生产状况有所

差异,见表 5-1-3。

表 5-1-3 永 8 断块分层系开发现状表

层 系	$S_2 5^{1-2}$	$S_2 5^{3-5}$	$S_2 6$	$S_2 7^{1-3}$	$S_2 7^4 \sim S_2 8$	合 计
地质储量/(10^4 t)	239	233	351	131	260	1 214
油井数/口	13	10	15	4	15	56
油井开井/口	11	8	13	2	12	44
水井数/口	5	3	4	4	3	14
水井开井/口	5	3	4	4	3	14
日产液量/(t·d^{-1})	516	796	813	24	798	2 947
日产油量/(t·d^{-1})	65.5	53.8	96.5	8.5	116.7	341
综合含水/%	87.3	93.2	88.1	64.6	85.4	88.4
平均动液面/m	974	1 028	1 043	1 084	946	964
平均单井日产液量/(t·d^{-1})	46.9	99.5	62.5	12.0	66.5	67.0
日注水量/(m^3·d^{-1})	277	246	289	36	640	1 488
平均单井日注水量/(m^3·d^{-1})	55.4	82.0	72.3	9.0	213.4	106.3
累油量/(10^4 t)	24.1	35.3	41.9	11.9	51.3	164.5
月注采比	0.5	0.3	0.4	1.5	0.8	0.5
累积注采比	0.58	0.49	0.45	0.66	0.41	0.48
采出程度/%	10.1	15.2	11.9	9.1	19.7	13.5
采油速度/%	0.65	0.69	0.82	0.13	1.22	0.78
理论采收率/%	34.0	33.4	33.5	31.7	34.0	33.4
剩余可采储量/(10^4 t)	57.3	42.4	75.6	29.5	37.1	241.9

永 8 断块(以永 8-7 为例)Ⅰ、Ⅱ类层干扰严重,根据剩余可采储量规模(表 5-1-4),Ⅰ类层各单层剩余可采储量相对较大,具备单层开发的潜力,Ⅱ类层可重新组合开采。

表 5-1-4 永 8-7 块各小层储量分布统计表

层 位	类 型	面积 /km²	厚度 /m	储量 /(10^4 t)	累油 /(10^4 t)	采出程度 /%	剩余可采储量 /(10^4 t)
$S_2 5^1$	Ⅰ类层	0.37	7.9	57.0	7.9	13.8	11.7
$S_2 5^2$	Ⅰ类层	0.37	10.5	75.8	10.6	14.0	15.9
$S_2 5^5$	Ⅰ类层	0.36	13.3	91.9	22.6	24.6	9.7
$S_2 6^4$	Ⅰ类层	0.46	10.6	97.5	11.8	12.1	22.0
$S_2 6^5$	Ⅰ类层	0.47	8.7	81.8	9.6	11.7	18.8
$S_2 7^4$	Ⅰ类层	0.45	18.3	160.2	31.6	19.7	24.9

续表

层　位	类　型	面积/km²	厚度/m	储量/(10⁴ t)	累油/(10⁴ t)	采出程度/%	剩余可采储量/(10⁴ t)
$S_2 8$	Ⅰ类层	0.18	15.39	51.0	9.2	18.0	9.2
小　计	Ⅰ类层		84.69	615.2	103.3	16.3	112.2

层　位	类　型	面积/km²	厚度/m	储量/(10⁴ t)	累油/(10⁴ t)	采出程度/%	剩余可采储量/(10⁴ t)
$S_2 5^3$	Ⅱ类层	0.13	1.3	3.3	0.1	2.4	0.6
$S_2 5^4$	Ⅱ类层	0.35	3.3	22.5	2.2	9.7	3.0
$S_2 6^1$	Ⅱ类层	0.06	5.3	6.4	0.0	0.7	1.4
$S_2 6^2$	Ⅱ类层	0.23	3.5	16.1	1.0	6.4	2.7
$S_2 6^3$	Ⅱ类层	0.31	2.8	17.4	1.7	9.5	2.3
$S_2 7^{1+2}$	Ⅱ类层	0.46	4.2	37.7	2.4	6.4	6.3
$S_2 7^3$	Ⅱ类层	0.46	5.8	52	5.1	9.9	7.3
小　计			26.2	155.4	12.5	6.4	23.6

$S_2 5^1$、$S_2 6^4$、$S_2 6^5$小层受层内夹层影响,剩余油纵向分布复杂,油水界面不统一,具有整体堵水调剖、提高纵向水驱波及的潜力。该类层适合采用直井整体建立注采井网,实施整体堵水调剖,如永 8-7 井调剖前油井含水持续上升(图 5-1-8),含水上升速度较快,调剖后有效地对层内大孔道进行了封堵,水窜有所遏制,含水有所下降。

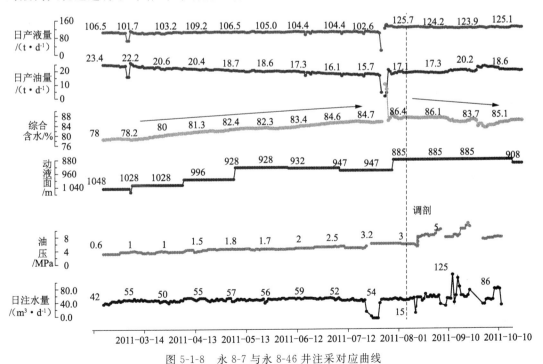

图 5-1-8　永 8-7 与永 8-46 井注采对应曲线

第二节　永8断块油藏优势渗流场描述

一、优势渗流场特征及量化表征

非均质储层在注水开发过程中,储层物性参数、流体性质和渗流特征都发生了变化,特别是对非均质性较强的中高渗透注水开发油藏来说更是如此。了解油藏流体平面流动分布的差异并使之得到量化,这一技术即为优势渗流场技术。

1. 优势渗流场特征

(1) 优势渗流场的定义。

在油藏上,流场是指在渗流力学作用下地下流体在三维多孔介质中的流动范围;在该区域内,每一最小体积代表单元都存在着液体及流体运动的驱动力(压力梯度)。需要指出的是,真实油藏的压力梯度比我们用大网格模拟获得的或我们想象的都要复杂得多。

优势渗流场是指局部多孔介质体内的流场强度明显强于与之体积相当的邻近介质体内的流场强度。其明显的特征为注采井间导液量较大并且井间导液量与注水井的波及体积的比值也比较大,在其后期往往伴随着流体流速快、过水倍数大、含水率高等特征。优势渗流场最大的优势为它能将影响油藏流体流动的诸多因素考虑在内进行数学流线法求解,从而可以对储层和流体共同作用的动态结果——流场进行综合直观的表达。这可能是我们研究油藏和其中流体运动规律的最好方法之一。优势渗流场研究将为我们深入和全面了解目标油藏提供一个宽广的平台和跳板。多方位、多途径、多层次的动态油藏描述方法可能会因此不断涌现。

引入优势渗流场的目的是使我们不但要了解油藏流体纵向上的流动特点,而且要较为准确地了解其横向上的流动特征,解决诸如平面/剖面上水窜的问题,确定未波及区和弱波及区并使其得到量化;同时在计算油水分布及预测、调整注采比、进行加密井部署、提高对中高含水期剩余油分布规律的认识、实现良性的油田深度开发及调整等方面具有不可替代的作用。

(2) 优势渗流场的特征。

以前我们对油藏的认识往往是从"静"到"静",即从"静止"的角度得到"静态模型"。而优势渗流场研究可以使我们从"静+动"到"动态"的油藏,它是被油田开发改造过了的油藏,就是说我们在开发初期所看到的是"青少年油藏",随开发生产的继续其成长为"中年油藏",国外通常称后者为"成熟油田"(mature field)。进入成熟油田后,油藏具有不少"青少年油藏"不具备的特征,而优势渗流场的形成就是其中之一。因此我们研究油藏从流场和优势渗流场入手有如下几方面的好处:

① 优势渗流场的强度的可量化性,即:注采井对间的导液量及其波及体积既直接又准确地刻画优势渗流场的强度和在三维空间上的存在形式,这正是我们一直想知道的。在三维空间内流线的多寡是可量化的,每一条流线代表的液通量也是可量化的。

② 优势渗流场的流线流动速度的可量化性,即:由于我们引入时间飞片的概念,流线在任意时刻到达位置都可以量化。流场三维空间上的存在形式通过三维可视化的形式得到了再现,所代表的流体流量也同时得到计算,这是其他方法不具有的功能。

③ 流场具有可变化性,即:不同时期调整注采关系,或者增加新井时流场会相应地发生变化。但这并不影响我们对优势渗流场的研究,因为我们观察的是注采井在长期历史中的积累效应,所以在某一时刻的变化不影响我们对全部面貌的认识。对某一区块(油藏)而言,优势渗流场分布是有规律可循的,某时段的变化会提供更多油藏流动性的信息。也正因为流场具有可变化性,我们才可以通过对比研究"青少年油藏"和"中年油藏"找到任何我们想了解的油藏信息,正如我们要想做试井就必须人为地改变局部油藏的流动状态一样。

需要注意的问题是,我国陆相盆地由于沉积和其后的改造(在漫长的地质历史时期和近期的油藏开采等改造)使油藏平面上的非均质性乃至各向异性进一步加强。河流沉积和迁移、三角洲沉积物源推进的方向性、储层微层理结构裂缝在平面上不同方向的展布情况、连通情况的差异等都可以表现为油藏平面上较为强烈的非均质性/各向异性。审视以往油藏研究和开发的一些习惯性做法,我们不禁要问,油藏平面上的非均质性/各向异性是否曾经被严重低估了?如果没有,我们采取的一些实际工程做法如均匀的井网部署、油藏的泄油和波及半径、调驱半径设计的考虑等,这些渗透着"圆盘或大饼"等均质的概念,这与平面上强烈的非均质性/各向异性的概念又如此之自相矛盾和格格不入,如何解释呢?优势渗流场研究可以给出一些思路。

(3) 优势渗流场与优势通道的异同点。

由于油层的后期改造和非均质性的影响,在油田开发中容易形成局部的窜流通道,有的人将其称之为"大孔道"。而"大孔道"这个术语有把概念引入微观之嫌,从而偏离达西定律。因此,我们还是应用窜流通道的概念来对应我们所要论述的优势通道。对以往所说的窜流通道研究基本上都是局限在静态属性的范畴和定性描述的阶段,应用起来往往着眼于纵向上的泛泛描述,从流动角度上讲其可视化和可量化性都很差。

本书所要论述的优势通道是与优势渗流场相对应的一个概念。简单地讲,优势渗流场在时间上的积累形成了优势通道,就是说优势渗流场在某个条带或较小的区域,如井对间,形成了一定时间后,其流线所经的路径就相对固定了。它往往具有流体流速快、过水倍数大、含水率高和剩余油饱和度较低等特点,这时我们就说优势渗流场已经转化成优势通道。但在优势渗流场形成初期并不具备上述特点,因此优势渗流场又有别于优势通道。在判断优势通道时,需要将优势渗流场的表征参数(流体强度指数)与注入体积倍数、采出程度及注水效率等参数结合,才能判断优势通道的形成及所处阶段。

总的来讲,优势渗流场能更好地反映平面/纵向上的非均质性,还能反映由油品性质/注采强度等造成的动态非均质性和方向性,在空间上有一定的延展范围;在用数学流线法计算流场时,流向所经过路径的饱和度、波及体积、泻油面积等都同时得到计算,加上目前完备的计算机三维可视化能力,流线的三维流动线路、饱和度三维分布等都能得到很好可视化和可量化的展示。

2. 优势渗流场的量化表征

概括地讲,优势渗流场的表征分为 4 种形式,即:图像、录像、图像+数字和数字表格的形式。

流场的图像表征形式是流线在二维和三维上的分布直接以图像展现出来,当然对于多层的地质模型,分层流场也可以得到展现;流场的录像表征形式是将流线在空间上的展布和随时间变迁在电脑上直接记录下来,随即反复播放以便流线在三维空间上分布得到详细分析和研究。

流场的图像＋数字表征形式是注入井与相对应的采油井之间的水的流通量以图像＋数字的形式展现出来，注入井和采油井之间用直线连接，直线上标注的数字表示从注入井到采油井的水的流通量。若某水井与某油井分配因子大，则说明该水井流入此油井的流体多，贡献值大。油井分配因子有三种表达方式，一是以流体的绝对流量表示，二是按占总注入量百分数表示，三是用线条粗细表示。

流场的数字表格表征是指注入井和采油井在每个时段（如某年）的水的流通量以数字表格的形式展现出来。可以以年为单位观察每一对对应井组的水的流通量是多少。

在流场直观图像表达中，曲线线条表示流体质点流动的路线和方向，每根线条代表一定的流体流通量，线条越密集，流通量越大。表征流场的流线图有 XY、YZ、XZ 二维及任意角度的三维流线图，此外，可根据需要选取任意井组的上述流线图进行研究。同一流线可以用不同的颜色表示流动时间长短，从而反映流水速度。

（1）流线描述方法。

我们知道表征流场的最好方法是流线场，那么流线的获得或描述就是关键。通过对多种数值方法技术的筛选和比较，改进流线法（MSL）数值模拟技术最适合进行流场的描述和表征，所以选用改进流线法（MSL）数值模拟技术。MSL 方法是通过流线模拟技术来研究优势渗流场，实现优势渗流场的定量描述，揭示优势渗流场控制下的剩余油形成机制和分布规律，指导寻找剩余油富集区。改进流线法 MSL 在物质守恒方面精度高，而有限元和有限差分在物质守恒方面对于注水采油的中后期/中高含水期的油田存在着较为严重的物质守恒问题，而物质守恒一旦出现问题，三维的流线追踪就是空谈。

① 数学流线法数值离散。

数学流线法是基于对流体流动线路通过数学算法追踪的一种方法。数学流线法离散数值时引入双流函数 χ,Ψ 和时间飞片 $\Delta\tau$ 的概念在普通差分和有限元时是没有的。

从图 5-2-1(a)中可以看到有限差分的坐标空间是三维直角坐标系，而从图 5-2-1(b)中可以看到流线法数值离散的坐标空间比较不规则，并且比有限差分多一个分量 Δq，并引入双流函数 χ,Ψ。

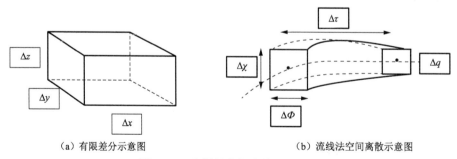

（a）有限差分示意图 （b）流线法空间离散示意图

图 5-2-1 有限差分与流线空间图示

② 流线法数学模型。

为了使问题讨论起来方便，我们先来看一个简单的情形，即可流动相为油和水，油藏中流体的渗流是等温的；油藏中流体和岩石均为不可压缩或压缩性可以忽略；油藏中流体的流动符合达西渗流定律；考虑重力和毛管力的影响。

在油藏流场中有如图 5-2-2 所示的一条流线,其中 u_o 表示油的速度(位移/时间,L/T),u_w 表示水的速度(L/T),u_t 表示总速度(L/T)。

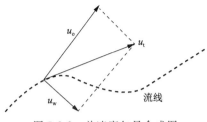

图 5-2-2　总速度矢量合成图

流线方程为:

$$\frac{\partial S_w}{\partial t} + \frac{\partial F_w}{\partial \tau} = 0 \tag{5-2-1}$$

式中　S_w——水相饱和度,%;

　　　F_w——流线上的法向上的强度,N/m^2;

　　　τ——切向应力,Pa。

应用流线方法模拟油水两相驱替过程,流线在三维空间和时间上的追踪即四维空间问题的数学模型为:

$$\phi\frac{\partial S_j}{\partial \tau} + \boldsymbol{u}_t \cdot \nabla F_j = 0 = \sum_{\substack{\text{all}\\ \text{streamline}}} \left(\frac{\partial S_j}{\partial t} + \frac{\partial F_j}{\partial \tau}\right) \tag{5-2-2}$$

式中　ϕ——孔隙度;

　　　S_j——饱和度($j=o$、w);

　　　F_j——压力,MPa。

在方程(5-2-2)中,方程左侧为典型的流动方程,是个三维求解问题,而方程右侧是一维流线方程,它反映了每个流线的流动方向上饱和度和时间满足等式右侧方程,因此,在沿流线求解饱和度是在求解众多以时间为单元的一维问题,不仅速度快,不会引入数值离散或人为的发散等,而且能较好地保证物质守恒,这点对饱和度求解很重要。方程(5-2-2)是两个独立方程,左面三维的饱和度求解方程可以通过引入流函数 χ,Ψ 和时间飞片 $\Delta\tau$ 进行坐标变换,即可得到右侧的一维的流线方程。

在图 5-2-3 中,(a)图说明流线在流动压力梯度作用下的效果,(b)图是在重力作用下的结果。在这里的研究中,流场是流动压力梯度和重力共同作用的结果。

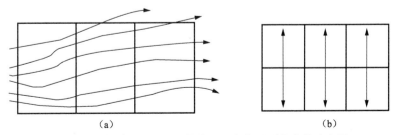

图 5-2-3　分别在流动压力梯度和重力作用下的流线示意图

（2）优势渗流场的量化。

① 流线更新。

在油田实际开发的过程中，井网和生产制度并不是固定不变的，尤其是对于投产时间较长的油田，往往需要制定一些新的增产挖潜措施，如井网调整、关井、封堵堵水、压裂酸化、布置加密井网等，这些都会导致流线分布发生变化，所以必须在这些导致流线分布发生重大变化的情况出现时，更新流线从而来准确地反映驱替动态信息。我们要在下列情况下留意更新流线场：a. 到达完整的压力时间步长；b. 加密井、开井或关井（井网发生变化）；c. 转注或转抽（井点类型发生变化）；d. 补孔、堵水、压裂与酸化等措施点（射孔数据发生变化）；e. 注入量或产量变化率＞0.5 时。把变化了的流线放在一个较长时间坐标下进行观察，我们会发现不少对研究油藏很重要的信息。例如，对于一个有 20 年生产历史的区块，新增为数不多的井对我们研究流场的整体面貌往往改变不大，对于我们研究的优势渗流场而言，即使新增加的井就在临近，影响也不大。如果不是这样，我们需要考虑这个新井对我们研究的井组在一定时间段（如一两年）的影响。

② 波及体积研究。

复杂油藏存在非常严重的储层非均质性，它主要包括层间非均质性、层内非均质性和平面非均质性。大量油田区块的开发研究表明，层间非均质性导致注水开发中主力小层的单层突进、主力层过早水淹、非主力层油气动用程度低和驱油效率低；层内非均质性控制和影响单砂层内注入剂波及体积，直接决定水驱效率，是影响层内剩余油分布的关键因素；平面非均质性直接影响注入水波及面积和波及效率，从而控制剩余油在平面上的分布。因此，对于波及体积的研究至关重要。

应用改进流线法研究优势渗流场的一大优势就是可以对井间的注入剂波及体积进行研究，通过结合示踪剂从注水运移到采出井的过程进行忽略扩散项的质点追踪，当所有的代表质点流线都追踪后，事实上注入水的波及体积也就基本上确定了。这对于我们接下来界定优势渗流场非常重要。

应用改进流线法加之两个简单合理的假设条件（在示踪剂试验期间，油藏液相的流动为稳流态，且弥散是可以忽略不计的）成立的情况下，观察在示踪剂注入后的任何时刻 t，生产井中显示的示踪剂浓度变化都由每一根所追踪的质点流线引起的贡献所致，而每一根流线都承载着时间延迟了的被稀释了的示踪剂。当流线从注入井流到生产观测井中时，产出浓度就可以被计算出来。只要把这一部分做积分，就第一时刻决定了相互井之间的波及体积，对于非均质性油藏来说，积分 $\iint_{I:P} \tau(\Psi, \chi) \mathrm{d}\Psi \mathrm{d}\chi$ 等于注入井和生产井对最终的波及体积，式中 $I:P$ 为导液量比。

③ 优势渗流场的量化。

优势渗流场量化参数的界定指标为流场强度指数。流场强度指数定义为注采井间导液量与注水井的波及体积的比，其表达式如下：

$$SFI = \oiint (q_{w\text{-}i}) \mathrm{d}s \quad 或者 \quad SFI = Q_{I:P}/V_{\text{swept}}^{(t)} \tag{5-2-3}$$

式中　SFI——流场强度指数（streamline field index），小数；

$\quad\quad q_{w\text{-}i}$——单位岩石体积的液体传导量，$\mathrm{cm}^3/\mathrm{s}$，$w\text{-}i$——注采间；

$\quad\quad Q_{I:P}$——注采井间导液量，cm^3；

V_{swept}——注采井间的波及体积，m^3。

注采井间导液量：

$$Q_{I:P} = \iint_{I:P} \mathrm{d}\Psi \mathrm{d}\chi \tag{5-2-4}$$

注采井间注水的波及体积：

$$V_{\text{swept}}^{(t)} = \iint_{I:P} \theta\left[t - \tau(\Psi, \chi)\right] \tau(\Psi, \chi) \mathrm{d}\Psi \mathrm{d}\chi \tag{5-2-5}$$

而

$$V_{\text{swept}} = \left(\frac{Q_I}{M}\right) \int_0^\infty t C_P \, \mathrm{d}W_P \tag{5-2-6}$$

式中　Q_I——对流导流量，cm^3；

　　　M——流度比，$\%$；

　　　W_P——累积产水量，m^3；

　　　C_P——从油井采出示踪剂浓度峰值，Bq/L。

在公式（5-2-6）中，对非均质性油藏来说，积分等于注入井和生产井对最终的波及体积的关系，事实上，这种关系有可能会延续到有限时间段。如果我们研究的是某一口靠近边界的井，那么 $Q_{I:P}$ 可以为该井和边界之间的液体交换量（流出或流入边界）。

从注入井到生产井的流量体积开始对我们来说是未知的，但是它也是分析的一部分，每口井的产液量已知，通过积分可以求得井对间的导液量 $Q_{I:P}$，Heaviside 函数中的积分仅仅选取了这些流线，因为示踪剂已经随时间的变化而到达产出井，从计算过程中我们可以看到注水井的波及体积是可以量化的。

二、优势渗流场定量描述方法

优势渗流场描述方法主要有示踪剂描述技术、测井曲线综合参数技术和数模流线法定量描述技术。

1. 示踪剂描述技术

井间示踪技术的基本原理是参照测试井组的有关动静态资料设计测试方案，在测试井组的注入井中投加示踪剂，按照制定的取样制度，在周围生产井中取样、制样（图 5-2-4a），在特定实验室进行示踪剂分析，获取样品中的示踪剂含量，绘制出生产井的示踪剂采出曲线（图 5-2-4b），即示踪剂随时间采出的变化曲线。

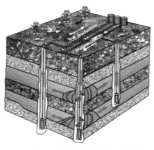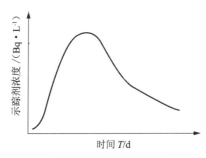

（a）井间示踪测试过程示意图　　　　（b）示踪剂产出曲线示意图

图 5-2-4　示踪剂测试及产出曲线

示踪剂注入水井后,首先随着注入水沿高渗透层或大孔道突入生产井,示踪剂的产出曲线会出现峰值,同时由于储层参数的展布和注采动态的不同,曲线的形状也会有所不同。借助示踪剂产出曲线可以分析注入流体在地层中的流动特性。

油田开发的过程是一个对油藏认识逐步深化的过程,由于注入水的长期冲刷,油藏孔隙结构和物理参数都会发生变化,在注水井和油井之间有可能产生特高的渗透率薄层,流动孔道直径变大。目前直接和直观地确定井间参数的方法主要是井间示踪剂监测方法,但由于这些方法解释模型为了求解,必须借助于各种假设因而导致所得结果存在较大的主观性和不确定性,本技术是为解决这一问题而提出的。将地层看作一个岩心,按照达西公式的基本方法,推导出地下流体参数的计算方法。

(1)示踪剂描述解释模型。

① 油井的井底流压。

$$p_{wf}=p_1+p_2+p_3 \tag{5-2-7}$$

式中　p_1——油井套压,MPa;

　　　p_2——油井动液面至泵深的液柱压力,MPa;

　　　p_3——油井泵深至油层中深的混合液柱压力,MPa。

$$p_2=\rho_o g H_2 \tag{5-2-8}$$

式中　ρ_o——地层原油的密度,kg/m³;

　　　H_2——动液面至泵深的距离,m。

$$H_2=L_2-L_1 \tag{5-2-9}$$

式中　L_2——泵挂深度,m;

　　　L_1——动液面深度,m;

$$p_3=\rho_h g H_3 \tag{5-2-10}$$

式中　ρ_h——油水混合液的密度,kg/m³;

　　　H_3——泵深至油层中深的距离,m。

$$H_3=L-L_2 \tag{5-2-11}$$

式中　L——油层中深,m。

$$\rho_h=f_w\rho_w+(1-f_w)\rho_o \tag{5-2-12}$$

式中　f_w——含水率,%;

　　　ρ_w——地层水的密度,kg/m³。

② 水井井底有效注入压力。

水井井底压力为:

$$p_d=p_t+p_H-p_{fr} \tag{5-2-13}$$

式中　p_d——油注水井的有效注入压力,MPa;

　　　p_t——油注水井的井口注入压力,MPa;

　　　p_H——静水柱压力,MPa;

　　　p_{fr}——注水时油管内沿程压力损失,MPa。

$$p_H=Hg\rho_w \tag{5-2-14}$$

$$p_{fr}=9.81\times10^{-3}\lambda\frac{H}{d}\frac{v^2}{2g} \tag{5-2-15}$$

式中　H——注水井油层中部深度,m;

　　　λ——摩阻系数,随雷诺数而变化:

$$\lambda = \frac{64}{Re} \tag{5-2-16}$$

式中　Re——雷诺数。

$$Re = 10^6 \times \frac{vd}{\mu} \tag{5-2-17}$$

$$v = \frac{q}{24 \times 60 \times 60 \times \pi \times d^2} \tag{5-2-18}$$

式中　v——注入水在油管内的流速,m/s;

　　　d——注水油管内径,m;

　　　μ——流体运动黏度(取平均温度下),10^{-6} m²/s。

③ 优势渗流场渗透率公式。

由达西公式可知,若将地层看作一个岩心,可由示踪剂试验中到达油井的时间计算窜流通道的体积流量,即

$$q = \frac{kA\Delta p}{\mu \alpha L} \tag{5-2-19}$$

推导可得:

$$k = \frac{q\mu\alpha L}{A\Delta p} \tag{5-2-20}$$

其中

$$A = \frac{qt}{\alpha L \phi} \tag{5-2-21}$$

所以

$$k = \frac{\mu (\alpha L)^2 \phi}{t\Delta p} \tag{5-2-22}$$

式中　μ——地层温度下流体的动力黏度,mPa·s;

　　　q——窜流通道的体积流量,m³/s;

　　　A——窜流通道内充填砂体的截面积,m³;

　　　α——迂回系数,一般在 1.2~1.5 之间;

　　　L——井距,m;

　　　ϕ——窜流通道的孔隙度,一般取 40%;

　　　Δp——压差,MPa;

　　　t——油井见示踪剂峰值的时间,s。

砂岩油藏地下流体通道分为渗流通道、窜流通道、似管流通道(表 5-2-1)。渗流通道可进一步分为低渗通道、中渗通道和高渗通道;窜流通道可进一步分为窜流小通道、窜流大通道和窜流特大通道。

表 5-2-1　渗流通道分类(砂岩油藏地下流体通道分类)

分　类		渗透率/μm^2
渗流通道	低渗通道	$\leqslant 0.05$
	中渗通道	$0.05 \sim 1$
	高渗通道	$1 \sim 2$
窜流通道	窜流小通道	$2 \sim 6$
	窜流大通道	$6 \sim 10$
	窜流特大通道	$10 \sim 20$
似管流通道		$\geqslant 20$

④ 示踪剂用量计算。

示踪剂的用量取决于所考察井区的井距、孔隙度、地层的油水饱和度、示踪剂在地层岩石表面的吸附量、稀释效应等因素。示踪剂的用量由 Brighan-Smith 经验公式计算：

$$G = 1.44 \times 10^{-2} h \phi S_w C_p \alpha^{0.265} L^{1.735} \tag{5-2-23}$$

式中　G——示踪剂的用量,kg;

　　　h——地层厚度,m;

　　　ϕ——地层孔隙度,%;

　　　S_w——含水饱和度,%;

　　　C_p——从油井采出示踪剂浓度峰值,Bq/L;

　　　α——分散常数;

　　　L——井距,m。

(2) 示踪剂注入工艺设计。

① 示踪剂注入工艺要求。

a. 注入示踪剂之前,应检测各生产井产出水及注入水中各种示踪剂的本底浓度,如发现已存在与该示踪剂相近的物质,应立即更换示踪剂品种,或增大示踪剂用量。

b. 尽量缩短连接示踪剂注入管线关井时间,尽量减少对地下压力场的干扰。

c. 每次注入之前,应充分清洗配制池,防止示踪剂之间相互混杂,以及油等杂物注入井中。

d. 应保证配置示踪剂溶液用水质量,不得使用不符合水质量标准的污水。

e. 严格按要求配制示踪剂溶液,并用泵充分循环,保证示踪剂充分均匀地溶解于水中。

f. 施工过程中要求平稳操作,均匀注入,不得出现间断,确保日注量保持在目前水平上,以保证示踪剂资料的代表性。

g. 示踪剂的注入压力不得超过油层的破裂压力,防止油层产生裂缝。

h. 示踪剂的注入结束之后,用清水清洗配制池,关闭管线来水,以该井日注入量折算,快速地将配制池内的剩余水注入井内。

i. 拆卸管线后,立即开井恢复正常注水(保持原来的注水量)。

j. 注入过程中,每 2 h 记录一次注入压力、溶液注入量、管线水注入量,示踪剂液的配料过程、用量,以及操作过程中发生的各类事件的开始及结束时间。

② 示踪剂检测技术。

示踪剂检测采用分光光度计(图 5-2-5)、滴定管。采用分光光度计进行示踪剂的监测,包括标准曲线的绘制和试样吸光度的测量,监测示踪剂的峰值,了解油水井的窜通情况。

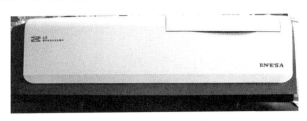

图 5-2-5　分光光度计

示踪剂检测要求:

a. 确定监测范围:按常规水动力场确定注入井组内的生产井为检测对象,周围生产井可作为参考监测井。

b. 采样周期(取样密度):8 h 采样一次,当观察到示踪剂采出浓度变缓后,可适当延长采样周期,直至示踪剂采出浓度为峰值浓度的 10% 为止。

c. 取样方法:在生产井取样口连续排放生产液,当观察到生产液色泽稳定后用取样桶取不少于 300 mL 的样品。

d. 样品的保管与检测:将取好的样盖好盖,贴上取样时间、井号的标签并妥善保管,样品应在 24 h 内检测。

e. 矿场要求:在监测期内,应保持油水井的工作制度稳定,不采取增产、增油措施,防止对地下流场产生干扰。

2. 测井综合描述技术

优势渗流场的测井曲线描述方法是根据测井资料解释中自然电位、深感应电阻率、微电极等测井曲线,定量计算大孔道综合评价参数。

自然电场的分布和岩性有密切的关系,特别是在砂、泥岩剖面中能以明显的曲线异常变化显示出渗透性地层,利用自然电位曲线来判断地层岩性和识别渗透层的含油、水特征。在砂、泥岩剖面中,当 $C_w < C_{mf}$(C_w 为地层水矿化度,C_{mf} 为测井钻井液滤液矿化度)时,在 SP 曲线上,以泥岩为基线,在渗透性的纯砂岩井段出现最大的负异常;含泥质砂岩层具有较低的负异常,而且泥质含量越多,负异常幅度越低。在同一口井中含水砂岩的自然电位幅度比含油砂岩的自然电位幅度高。

如图 5-2-6(a)中 2 161~2 179 m 井段是油层,而最下边一个渗透层是含水层。当同一砂岩层同时含有油和水时,SP 曲线如图 5-2-6(b)中所显示的特征。由此可以得出同一砂岩层由于含水量的不同导致地层水矿化度存在差异,在含水多的井段造成自然电位幅度变大。因此可以通过以上这一结论采用自然电位幅度差异来定性判断水淹方向。

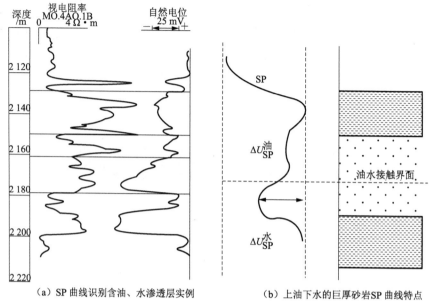

（a）SP 曲线识别含油、水渗透层实例　　　　　（b）上油下水的巨厚砂岩SP 曲线特点

图 5-2-6　SP 曲线特点

（1）自然电位曲线特征。

由于实施注水开发，注入水的矿化度一般要低于原始地层水的矿化度，致使原始地层水的矿化度降低。钻井时按全井最高压力层的压力设计钻井液密度，欠压力层和正常压力层承受极大的正液地压差，致使扩散吸附电位变异，同时过滤电位的影响不能再忽略，因此二者共同导致自然电位异常。在砂岩井段，自然电位测井测量的主要是扩散电动势，其表达式为：

$$E_d = K_d \lg \frac{R_{mf}}{R_w} \qquad (5\text{-}2\text{-}24)$$

式中　R_{mf}——钻井液电阻率，$\Omega \cdot m$；

　　　K_d——扩散电动势系数；

　　　R_w——地层水电阻率，$\Omega \cdot m$。

对某一层位形成低效或无效循环后，由于注入水的长期冲刷，其含水率必然比上下围岩的要高，这样就会造成 R_w 值要比围岩的低，从而导致 E_d 值的增加，所以在大孔道部位，自然电位幅值应该比围岩有所增加。另外经过注入水长时间强力冲刷形成低效或无效循环后，油层的泥质含量和含油量大幅度降低，大大减少了离子交换的阻力，从而引起自然电位幅值上升。图 5-2-7 是某井油层大孔道部位自然电位曲线升高实例，该层段在油层中部形成低或成无效循环层，自然电位曲线比上下相邻层段高出 4～7 mV。

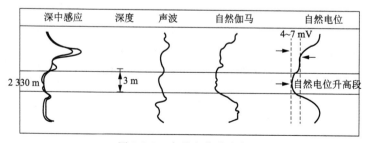

图 5-2-7　自然电位升高段

（2）自然伽马曲线特征。

大孔道部位的放射性强度与油水性质、储层的矿物成分及油田放射性施工污染等因素有关。油层水淹后，注入水会携带着冲刷来的泥质流动，在能量降低的地方会发生泥质的堆积。在形成大孔道后泥质堆积的现象会大幅度减少，因此自然伽马的降低应当是大孔道形成的标志之一，但在实际中下降的幅度较小，不容易观察到。

（3）波时差曲线特征。

随着含水饱和度的增加，岩心的声波速度逐渐增加，在含水饱和度为 100% 时声波速度是最大的。随着孔隙度的增大，岩石纵波速度呈降低趋势，孔隙度越大，在相同含水饱和度时的声波纵波速度越低。在注水开采中，呈离散状附着在砂岩颗粒表面的或者占据粒间孔隙空间的黏土矿物和泥质成分又有可能被注入水溶解和冲走，而地层压力也可能上升到原始地层压力以上，会形成裂缝，往往造成在大孔道的部位的声波时差值比没有形成大孔道的部位的声波时差值增大，同时声波幅度衰减也增大（图 5-2-8）。

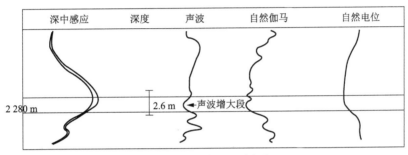

图 5-2-8 声波时差增大段

（4）深中感应电阻率曲线特征。

形成大孔道后孔隙流体中的石油被注入水替代，岩石的润湿性转变为偏亲水，降低了岩石骨架的电阻率，因此各电阻率曲线的幅度十分明显地降低（图 5-2-9）。对于大厚油层来说要降低到 2～5 Ω·m 甚至更大，是各条曲线特征中最明显的。

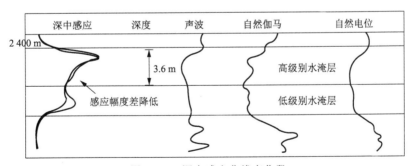

图 5-2-9 深中感应曲线变化段

（5）微电极曲线特征。

微球电阻率和微电极曲线相结合，综合考虑各个电阻率特征也是判别大孔道的重要标志。油层强水淹后，尤其是形成大孔道后，地层存水或底水、边水使储层的可移动流体增多，由于侵入的影响，在井壁形成较厚的泥饼，表现在微电极曲线上形成相对普通水淹油层降低的幅度和幅度差（图 5-2-10）。

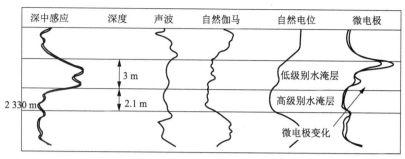

图 5-2-10　微电极曲线

通过对大孔道区域裸眼井常规测井资料的分析可知,大孔道在自然电位、微电极和深浅感应曲线上形成了可识别响应,与同岩性油层相比,具体表现为自然电位幅度升高,微电极曲线幅度下降,深浅感应曲线幅度严重下降,为此在几种曲线归一化的基础上,制定了大孔道常规测井识别图版。分别为自然电位与微电极比值图、深感应与微电极比值图、自然电位与深感应比值图,图版中大孔道的特征有明显的上升和下降趋势,与普通水淹油层明显不同。

（1）自然电位和微电极比值法。

依据大孔道层段裸眼井测井曲线特征,大孔道层的自然电位曲线幅度上升,微电极曲线幅度下降,因此,在数学关系上自然电位与微电极幅度的比值（SP/MN）会增加（图 5-2-11）。经过大量普通水淹层和大孔道层的数据统计分析,发现普通水淹层与大孔道层分界点在3.5,当比值大于 3.5 时是大孔道层,判断大孔道层的符合率为 83.5%。

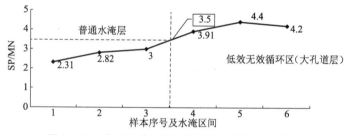

图 5-2-11　自然电位和微电极比值法判断大孔道层

（2）深感应和微电极比值法。

依据大孔道层段裸眼井测井曲线特征,大孔道层的深感应和微电极曲线幅度同时下降,但深感应的幅度下降程度比微电极大得多。因此,在数学关系上,深感应与微电极幅度的比值（RILD/MN）会下降（图 5-2-12）。经过大量普通水淹层和大孔道层的数据统计分析,发现普通水淹层与大孔道层分界点在3.0,当比值小于 3.0 时是大孔道层,判断大孔道层的符合率为 87.7%。

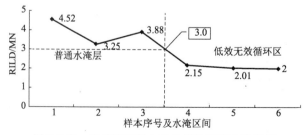

图 5-2-12　深感应和微电极比值法判断大孔道层

（3）自然电位与深感应比值法。

依据大孔道层段裸眼井测井曲线特征,大孔道层的自然电位曲线幅度上升,深感应曲线幅度下降。因此,在数学关系上,自然电位与深侧向幅度的比值（SP/RILD）会增加（图 5-2-13）。经过大量普通水淹层和大孔道层的数据统计分析,发现普通水淹层与大孔道层分界点在 1.4,当比值大于 1.4 时是大孔道层,判断大孔道层的符合率为 78.5%。

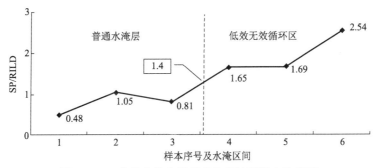

图 5-2-13　自然电位和深感应比值法判断大孔道层

研究大孔道的储层物性参数变化和测井曲线响应,只是定性和半定量的解释方法。通过大孔道储层参数计算判断法,综合各种储层参数和测井曲线的变化,利用所计算的各项参数值与高级水淹的差别对大孔道层进行了定量判断。这是研究判断大孔道层的主要方法,制定了大孔道孔隙度、渗透率、孔隙半径等的判别标准。根据大孔道位置各个参数的变化规律归一化各个参数,得出一个总的大孔道判别参数,计算公式为:

$$p_{ara\_DKD} = \frac{SP \cdot \phi \cdot k \cdot S_w \cdot M_d}{R_{mg} \cdot R_{mn} \cdot R_{lld} \cdot R_{lls} \cdot V_{sh}} \tag{5-2-25}$$

式中　SP——自然电位测井值;

ϕ——有效孔隙度值;

k——渗透率值;

S_w——含水饱和度;

M_d——粒度中值;

R_{mg}——微梯度测井值;

R_{mn}——微电位测井值;

R_{lld}——深三侧向测井值;

R_{lls}——浅三侧向测井值;

V_{sh}——泥质含量值。

当该参数大于 3.0 时就判断为大孔道层,为快速判断时使用。

3. 流线数模定量描述技术

流线数模定量描述技术基本思想就是在求解油藏渗流问题时,结合流线沿速度切线分布的特征,在网格内进行流线追踪,求取某时刻流线场分布,从而将二维或三维的复杂渗流方程转化为沿流线的一系列简单的一维问题,然后采用解析或数值方法求解,最后将沿流线上的一维数值解通过简单的数学数值方法映射得到二维或三维网格,从而求取渗流方程的解。

（1）数学模型。

引入源汇项,由质量守恒原理及达西渗流定律考虑重力作用和毛管力的流线模型的数学模型。

油相组分：

$$-\nabla(\rho_o v_o) + q_o = \frac{\partial(\rho_o \phi S_o)}{\partial t} \qquad (5\text{-}2\text{-}26)$$

水相组分：

$$-\nabla(\rho_w v_w) + q_w = \frac{\partial(\rho_w \phi S_w)}{\partial t} \qquad (5\text{-}2\text{-}27)$$

式中　ρ_o、ρ_w——油、水相密度，kg/m^3；

　　　　v_o、v_w——油、水相渗流速度，m/s；

　　　　q_o、q_w——油、水汇源项，m^3/s；

　　　　S_o、S_w——油、水饱和度。

而油、水组分的运动方程根据达西方程有：

$$v_o = -\frac{kk_{ro}}{\mu_o}\nabla(p_o - \rho_o gD) \qquad (5\text{-}2\text{-}28)$$

$$v_w = -\frac{kk_{rw}}{\mu_w}\nabla(p_w - \rho_w gD) \qquad (5\text{-}2\text{-}29)$$

式中　D——某一基准面算起的深度，m；

　　　　k——绝对渗透率，μm^2；

　　　　k_{ro}、k_{rw}——油、水相对渗透率；

　　　　μ_o、μ_w——油、水黏度，$mPa \cdot s$；

　　　　p_o、p_w——考虑毛细管作用力时的油水相作用力，MPa。

定解条件如下：

外边界条件：在流线模型中，一般将油藏的外边界考虑成为不渗透的封闭边界，即在此边界上无流量通过，这时有：

$$\frac{\partial p}{\partial n}\bigg|_G = 0 \qquad (5\text{-}2\text{-}30)$$

式中　n——油藏外边界 G 的外法线方向。

内边界条件：若油藏内分布有油井或水井时，由于井眼几何尺寸远远小于油藏的尺寸，可把油井或注水井作为已知点汇或点源来处理。一般考虑定井产量和定井底压力两种工作制度。

定井产量：

$$Q(x,y,z,t)\big|_{x=x_0,y=y_0,z=z_0} = Q_i(t) \qquad (5\text{-}2\text{-}31)$$

定井底压力：

$$p(x,y,z,t)\big|_{x=x_0,y=y_0,z=z_0} = p_{wf}(t) \qquad (5\text{-}2\text{-}32)$$

初始条件是指在初始时刻（$t=0$），油藏内的压力和饱和度的分布，表示为：

$$p_l(x,y,z,0)\big|_{t=0} = p^0(x,y,z) \qquad (5\text{-}2\text{-}33)$$

$$S_l(x,y,z,0)\big|_{t=0} = S^0(x,y,z) \qquad (5\text{-}2\text{-}34)$$

式中　l——油藏范围，为一定值。

辅助方程：

$$S_w + S_o = 1 \qquad (5\text{-}2\text{-}35)$$

$$k_{ri} = f(S_i) \quad i = o,w \qquad (5\text{-}2\text{-}36)$$

考虑毛管力的作用有：

$$p_c(S_w) = p_o - p_w \tag{5-2-37}$$

（2）流线数值模拟过程。

优势渗流场定量描述基本思路是先利用隐式求出流体在连续多孔介质中的压力场，并应用达西方程建立流体真实流动速度场；然后从注水井出发向生产井追踪流线得到流体的流动轨迹；最后沿流线求出任意流线中任一点的饱和度并将其映射到原始网格系统得到原始网格系统中的流体饱和度分布。

将总的油藏模拟时间分成 n 个时间阶段，每一阶段时间步长为 $\Delta t''$，有 $t^{n+1} = t^n + \Delta t^n$。将油藏按数值模拟要求划分笛卡尔网格系统，根据给定的初始条件确定每个网格压力及其饱和度初值（图 5-2-14）。

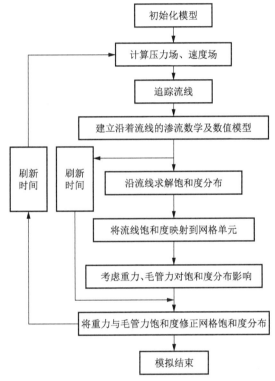

图 5-2-14 流线数值模拟方法流程图

流线方法油藏数值模拟流程如下：

① 在每一个新的压力开始时刻 t'' 采用有限差分网格隐式求解描述多相流动的渗流方程的压力方程式，确定该时间步的网格系统中的压力场分布。

② 应用达西方程确定网格块表面各个方向上的分速度场。

③ 应用流线追踪方法从注入井向生产井追踪流线，沿流线将三维模拟模型转化为一系列的一维流线模型，计算每条流线上各网格节点流体饱和度分布。

④ 重复第③步，沿着每一条流线使饱和度分布向前推进多个 Δt_c 时间步（即一个 $\Delta t''$ 时间步），得到下一个时刻（t^{n+1} 时刻）流线上的饱和度分布，以及各类动态指标。

⑤ 将流线上饱和度分布映射到笛卡尔网格中的流体饱和度分布，即得到 t^{n+1} 时刻笛卡尔网格的饱和度分布；并求解出重力、毛管力对饱和度的影响大小来修正饱和度分布。

⑥ 如果有导致流线分布发生改变的情况（如开关井、增产措施等，就需要更新流线）或开始新的时间步运算，重复上面①～⑤步骤，直到计算结果结束，综合计算结果就实现了应

聚合物弹性微球深部调驱技术与矿场实践

用流线方法模拟水驱剩余油饱和度分布。

三、永8断块流体通道参数描述

1. 示踪剂描述地下流体通道参数

2013 年 5 月 12 号 11:00～15:00 对永 8-侧 55 井注入 40 m³ 20%硫氰酸铵溶液试验；2013 年 5 月 15 号 6:00～5 月 16 号 13:30 对永 8-52 井注入 200 m³ 卤水试验；2013 年 6 月 19 号 5:00～2013 年 6 月 20 日 01:30 对永 8-7 井注入 100 m³ 20%硝酸钠溶液试验。5 月 12 日至 19 日，对油水井采出液示踪剂进行本底检测，每口井每天取样 2 次、检测 2 次，共检测 112 个样品；5 月 20 日至 11 月 21 日，对相关的永 8P6、永 8-46、永 8-47 等 7 口油井进行全面检测，每口井每天取样 3 次、检测 2 次，共检测样品 780 个。

以下以永 8-7 井组为例进行示踪剂参数定量化描述。永 8-7 井注水层位 $S_2 5^1$、$S_2 5^2$ 小层，对应油井 7 口，见表 5-2-2。

表 5-2-2　与永 8-7 井连通的油井情况

井　号	井距/m	采油层位	日产液量/(m³·d⁻¹)	日产油量/(t·d⁻¹)	含水率/%
A8P14	100	$S_2 5^1$	3.9	1.4	62.3
A8P2	175	$S_2 5^1$、$S_2 5^2$	14.1	2.6	81.5
A8CX6	250	$S_2 5^1$、$S_2 5^4$、$S_2 6^{1-3}$	18.9	2.6	86.2
A8-46	225	$S_2 5^1$、$S_2 5^2$	133.5	8.9	93.3
A8P6	160	$S_2 5^1$、$S_2 5^2$	139.8	9.6	93.1
A8C49	135	$S_2 5^2$、$S_2 5^4$、$S_2 6^2$	28.2	7.6	72.9
A8P22	280	$S_2 5^2$	10.8	10.4	3.0

注：井号中的 A 表示永安。

选用硝酸钠做示踪剂，该示踪剂具有来源广、成本低、无毒、安全、易检出、化学稳定和生物稳定，以及在地层表面吸附量少等优点（表 5-2-3）。

表 5-2-3　永 8-7 井示踪剂本底质量浓度

	本　底	质量浓度/(mg·L⁻¹)
一线 $S_2 5^1$ 小层	A8P14	4.49
	A8P2	3.63
	A8CX6	4.03
	A8-46	4.58
	A8P6	4.27
二　线	A8-47	4.55
	A8X94	3.73
$S_2 5^2$ 小层	A8C49	4.13
	A8P22	井口封堵
水　井	A8-7	5.10

（1）示踪剂工艺设计。

已知永 8-7 井的 $\phi = 31.48\%$，$S_w = 21\%$，若设 $C_p = 500$ mg/L，油层厚度 h 为 8.7 m，与最大井距油井的距离 L 为 2.50×10^2 m。由 Brighan-Smith 公式计算出施工井示踪剂的用量为 6.7 t，这里取 7 t。

7 t 示踪剂配成 20% 的溶液需要 35 m³ 污水，以配 5 m³ 20% 示踪剂为例说明配法：将 4.9 m³ 水放入配液罐中，在搅拌下加入 1 000 kg 硝酸钠，继续搅拌至全溶配成。

施工采取调剖泵注入的方式，2013 年 6 月 19 号 5:00～2013 年 6 月 20 日 01:30 注入 100 m³ 20% 硝酸钠溶液，注入速度 5～6 m³/h，注入压力 4.5 MPa 左右。紧接着按原注水制度正常注水，并对周边油井定期取样进行示踪剂监测（表 5-2-4）。

表 5-2-4　示踪剂取样周期

井　号	取样周期/（次·d⁻¹）		备　注
	初　期	见剂后	
A8P6	3	3	
A8P14	3	3	
A8P22	3	3	井口掺水
A8-46	3	3	
A8-47	3	3	
A8CX6	3	3	
A8C49	3	3	
A8P2	3	3	

（2）优势通道参数分析。

根据井间示踪剂监测方案，自投放日起，对周边对应 8 口油井进行了示踪剂监测，并利用产出曲线监测结果进行数值分析。通过监测有 5 口井中明显监测到了投放的化学示踪剂，说明该井组油、水井之间存在较明显的连通关系。

从永 8P6 井产出的示踪剂监测结果可以看出：示踪剂在永 8P6 井共见到 2 个峰（图 5-2-15），其中首峰时间为 3.0 d，其前缘水线推进速度为 53.33 m/d。

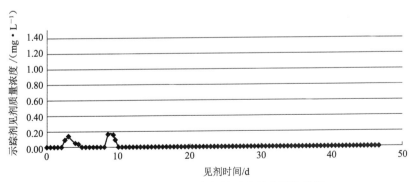

图 5-2-15　永 8P6 井产出的示踪剂监测结果图

从永 8P14 井产出的示踪剂监测结果可以看出：示踪剂在永 8P14 井共见到 3 个峰（图 5-2-16），其中首峰时间为 2.0 d，其前缘水线推进速度为 64.94 m/d。

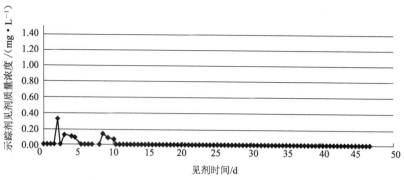

图 5-2-16　永 8P14 井产出的示踪剂监测结果图

从永 8P22 井产出的示踪剂监测结果可以看出：示踪剂在永 8P22 井共见到 1 个峰（图 5-2-17），其中首峰时间为 31 d，其前缘水线推进速度为 9.03 m/d。

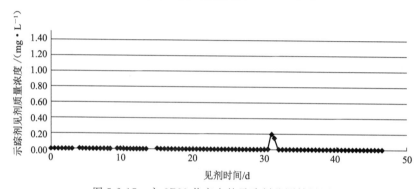

图 5-2-17　永 8P22 井产出的示踪剂监测结果图

从永 8-46 井产出的示踪剂监测结果可以看出：示踪剂在永 8-46 井共见到 3 个峰（图 5-2-18），其中首峰时间为 8.46 d，其前缘水线推进速度为 26.6 m/d。

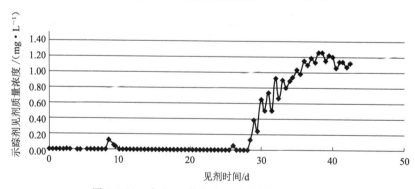

图 5-2-18　永 8-46 井产出的示踪剂监测结果图

从永 8-47 井产出的示踪剂监测结果可以看出：示踪剂在永 8-47 井共见到 3 个峰（图 5-2-19），其中首峰时间为 8.46 d，其前缘水线推进速度为 62.7 m/d。

从永 8CX6 井产出的示踪剂监测结果可以看出：示踪剂在永 8CX6 井共见到 2 个峰（图 5-2-20），其中首峰时间为 2.46 d，其前缘水线推进速度为 101.63 m/d。

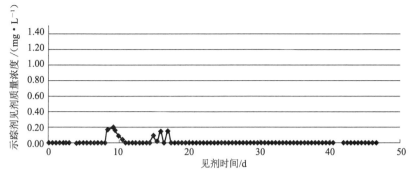

图 5-2-19 永 8-47 井产出的示踪剂监测结果图

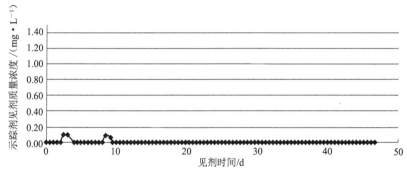

图 5-2-20 永 8CX6 井产出的示踪剂监测结果图

从永 8C49 井产出的示踪剂监测结果可以看出:示踪剂在永 8C49 井共见到 1 个峰(图 5-2-21),首峰时间为 8.46 d,其前缘水线推进速度为 15.96 m/d。

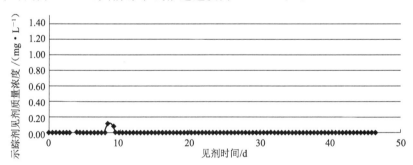

图 5-2-21 永 8C49 井产出的示踪剂监测结果图

从永 8P2 井产出的示踪剂监测结果可以看出:示踪剂在永 8P2 井共见到 2 个峰(图 5-2-22),其中首峰时间为 3.0 d,其前缘水线推进速度为 58.33 m/d。

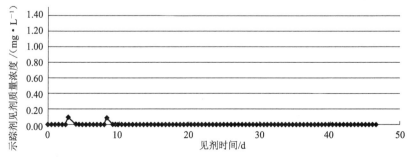

图 5-2-22 永 8P2 井产出的示踪剂监测结果图

综上所述,永 8-7 井注入水的水驱方向和示踪剂前沿推进速度见表 5-2-5 和图 5-2-23。

表 5-2-5　永 8-7 井见剂时间和推进速度

	井 号	井距/m	首峰见剂时间/d	推进速度/(m·d⁻¹)
一 线	A8P14	100	2.0	64.94
$S_2 5^1$ 小层	A8P2	175	3.0	58.33
	A8CX6	250	2.46	101.63
	A8-46	225	8.46	26.60
	A8P6	160	3.0	53.33
二 线	A8-47	580	8.46	62.70
$S_2 5^2$ 小层	A8C49	135	8.46	15.96
	A8P22	280	31	9.03

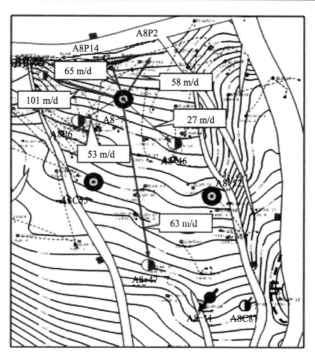

图 5-2-23　永 8-7 井组示踪剂产出动态监测响应图

通过不同峰值的见剂时间可以计算出不同窜流通道的平均渗透率,并且可根据分类确定对应油井存在优势窜流通道的状况。根据地层渗透率的大小,利用地下流体通道分类参数表对永 8-7 井组各通道参数进行分类(表 5-2-6)。

表 5-2-6　永 8-7 井各通道参数及分类表

井 号	峰值出现时间/d	渗透率/μm²	孔喉直径/μm	通道分类
永 8P6	3.00	1.33	11.04	高渗通道
	8.46	0.47	6.57	中渗通道

井 号	峰值出现时间/d	渗透率/μm^2	孔喉直径/μm	通道分类
永 8P14	2.00	0.64	7.66	中渗通道
	3.00	0.43	6.25	中渗通道
	8.46	0.15	3.72	中渗通道
永 8P22	31.00	0.33	5.50	中渗通道
永 8-46	8.46	1.04	9.74	高渗通道
	26.00	0.34	5.56	中渗通道
	38.00	0.23	4.60	中渗通道
永 8-47	9.25	7.22	25.69	窜流大通道
	16.00	4.17	19.53	窜流小通道
	17.00	3.93	18.95	窜流小通道
永 8CX6	2.46	4.38	20.00	窜流小通道
	8.46	1.27	10.79	高渗通道
永 8CX49	8.46	0.34	5.59	中渗通道
永 8P2	3.00	0.70	7.98	中渗通道
	8.46	0.28	5.06	中渗通道

2. 测井曲线描述地下流体通道参数

永 8-7 断块 $S_2 5^1$ 小层为高孔高渗储层,随着长期的注水开发,在储层内部形成高渗条带,造成储层内部含水差异,因此结合动态分析针对永 8-7 断块 $S_2 5^1$ 小层目前开发状况,采用自然电位底部放大现象来定性判断水淹方向。因此选取了永 8-7 断块 $S_2 5^1$ 小层目前井网的井(图 5-2-24),位于主流线和非主流线上的共 22 口井进行分析(表 5-2-7)。

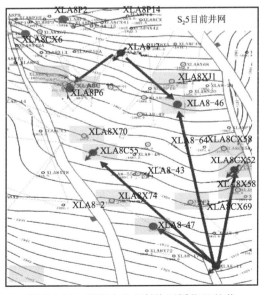

图 5-2-24 选取永 8-7 断块不同位置的井

表 5-2-7　位于主流线和非主流线井的分析

井　号	层　位	投产时间
XLA8-7	$S_2 5^{1-2}$	1998-11
XLA8-11	$S_2 5^{1-5}$	2000-05
XLA8P2	$S_2 5^{1-2}$	2000-06
XLA8-47	$S_2 5^{1-5}$	2001-02
XLA8-46	$S_2 5^{1-2}$	2003-12
XLA8P14	$S_2 5^1$	2009-04
XLA8P6	$S_2 5^{1-2}$	2009-09
XLA8CX6	$S_2 5^1 、S_2 6^3$	2012-04
XLA8C55	$S_2 5^{1-2}$	2012-09
XLA8-52	$S_2 5^1$	2012-11

注:XL 表示新立村。

由于测井曲线刻度的不统一,因此将选取井的自然电位和感应做归一化处理。处理完成之后导入软件做成对比图。

(1)首先从新老井曲线对比结果看,沿着主流线方向 $S_2 5^1$ 小层底部 1.5 m 电位负偏移明显,放大倍数在 1.2 倍左右。分析认为长期注入水冲刷,泥质含量减少,导致新井自然伽马值变小,水淹严重(图 5-2-25 和图 5-2-26)。其解释结果见表 5-2-8。

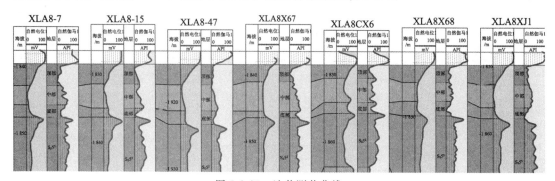

图 5-2-25　油井测井曲线

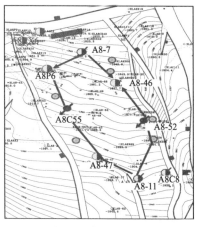

图 5-2-26　选择主流线上不同时期的井做对比

表 5-2-8　主流线新老井对比结果

	井数/口	顶部电位平均/mV	顶部自然伽马平均/API	中部电位平均/mV	中部自然伽马平均/API	底部电位平均/mV	底部自然伽马平均/API
老　井	10	47.06	16.25	19.86	27.6	26.23	22.37
新　井	7	49.68	18.2	18.41	26.14	21.06	13.51
变化幅度		1.06	1.12	0.93	0.95	0.8	0.6

（2）从新老井曲线对比结果看,沿着非主流线方向 $S_2 5^1$ 小层底部电位无负偏移现象,自然伽马值变化不大,分析认为该区域无明显水淹特征(图 5-2-27 和图 5-2-28)。其解释结果见表5-2-10。

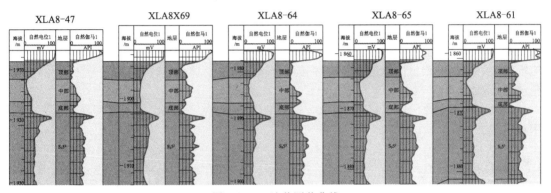

图 5-2-27　油井测井曲线

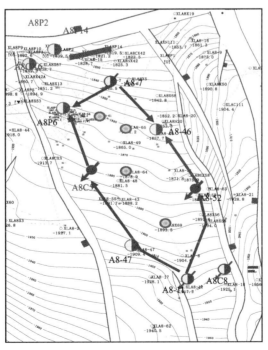

图 5-2-28　选择非主流线上的新老井对比

表 5-2-9　非主流线新老井对比结果

	井数/口	顶部电位平均/mV	顶部自然伽马平均/API	中部电位平均/mV	中部自然伽马平均/API	底部电位平均/mV	底部自然伽马平均/API
老　井	10	47.06	16.25	19.86	27.6	26.23	22.37
新　井	5	48.8	17.45	22.54	24.15	34.75	20.29
变化幅度		1.04	1.07	1.13	0.88	1.32	0.9

　　从以上两个对比结果看沿着主流线方向自然电位在储集层底部有放大现象,因此判断沿着主流线方向储集层底部水淹严重。

3. 数模流线法描述地下流体通道参数

（1）永 8 $S_2 5^1$、$S_2 5^2$储层建模流程。

本次永 8-7 断块堵调主要为 $S_2 5^1$ 小层,但开发过程中主要是 $S_2 5^1$、$S_2 5^2$ 合采合注,考虑到后期数模过程中批产比较繁琐,因此本次将 $S_2 5^1$、$S_2 5^2$ 整体建立模型。永 8 $S_2 5^1$、$S_2 5^2$储层地质建模的基本流程包括数据准备、构造建模、储层相建模、储层参数建模。

① 数据准备。

本次建模所需要的数据包括井数据、地震数据、动态射孔数据、测井二次解释及平面沉积相研究成果。

② 构造建模。

断层模型为一系列表示断层空间位置、产状及发育模式的三维断层面,主要根据地震断层解释数据,包括断层多边形、断层 stick 以及井断点数据,结合断层间的截切关系,通过一定的数学差值对断面进行编辑处理而建立（图 5-2-29）。

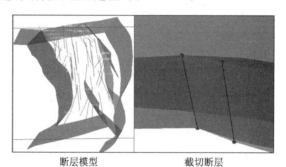

断层模型　　　　　　　　截切断层

图 5-2-29　断层模型示意图

　　将断层面中线投影在二维视图中,并设置网格大小、I/J/K 网格趋势线、块分割线、网格边界线等,即可得到中间骨架网格剖分模型（图 5-2-30）。

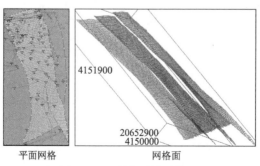

平面网格　　　　　　　　网格面

图 5-2-30　骨架网格示意图

关键层面主要是指地震解释的级别较高的层面,一般为油组或者砂组,这些关键层面模型可作为内部小层或单层层面内插建模的趋势控制。本次建模层位只有两个,可将这两个层位只作为主层面的插值建模(图 5-2-31)。

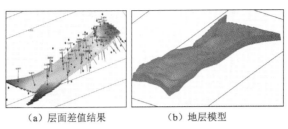

（a）层面差值结果　　　　　（b）地层模型

图 5-2-31　插值建模示意图

在断层模型和层面模型建立的基础上,针对各层面间的地层格架进行三维网格化,将三维地质体分成若干个网格,即可建立三维网格化地层模型。根据永 8-7 断块的具体情况将永 8-7 断块采用等比例划分方式,S_25^1、S_25^2 小层垂向划分为 25 个网格(图 5-2-32),平均每个网格大概 0.8 m,能充分刻画出 S_25^1、S_25^2 小层之间隔层,总网格数 159 600 个。

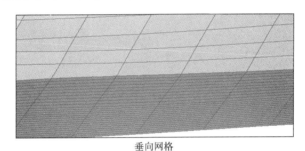

垂向网格

图 5-2-32　垂向网格模型示意图

③ 储层相建模。

本次储层相模型选择永 8-7 断块参与模拟的井,并将单井相数据根据建模网格层进行网格化采样,生成沿井轨迹的网格化沉积相数据。将泛滥平原设为背景相,将河道、决口扇、天然堤等设为目标相类型,永 8-7 断块 S_25^1、S_25^2 小层为水上分流河道沉积,因此将泛滥平原设为背景相,将水上分流河道设为优势相(图 5-2-33)。

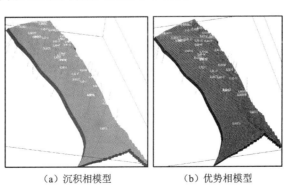

（a）沉积相模型　　　　　（b）优势相模型

图 5-2-33　储层相模型示意图

127

④ 储层参数建模。

本次永 8-7 断块建模采用相控建模,即先建立沉积相、储层构型或流动单元,然后根据不同沉积相的储层参数定量分布规律,分相进行井间插值或随机模拟,建立储层孔隙度参数分布模型,对于渗透率值主要采用对数变换分相统计分析并采用对数变换的方法建立储层渗透率参数分布模型(图 5-2-34)。

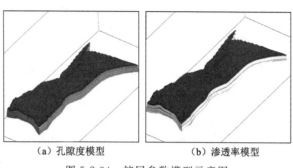

(a) 孔隙度模型   (b) 渗透率模型

图 5-2-34　储层参数模型示意图

(2) 数模流线法优势通道定量描述。

建立永 8-7 块 $S_2 5^1$、$S_2 5^2$ 小层黑油模型进行油藏数值模拟,模型模拟起始时间是 1998 年 12 月,模型相数为油、水两相,网格几何形态为角点网格,X、Y 方向的网格步长为 15 m,建立 $56 \times 114 \times 25$ 的网格系统,共计 159 600 个网格,$S_2 5^1$ 小层纵向划分 10 个网格,$S_2 5^2$ 小层纵向划分 15 个网格,原始含油饱和度为 0.68。

永 8 断块自投入开发以来共经历 4 个阶段。

① 弹性开发阶段(1998 年 12 月—2000 年 5 月)。

弹性开发阶段永 8-7 块共有 3 口油井生产(图 5-2-35),能量下降较大,阶段含水较低。

该阶段仅有 2 口井生产,无注水井,未形成注采流线,流线模型中无注采流线(图 5-2-36),整体储量动用程度低,含油饱和度高。

② 井网初步完善阶段(2000 年 6 月—2006 年 2 月)

该阶段有 2 口井油井 2 口水井,井网控制程度低,注水流线单一(图 5-2-37)。从生产情况分析,油水井注采对应灵敏,动态分析认为优势渗流通道已初步形成。

从流线模型(图 5-2-38)中可以看出,该阶段形成了两条主要注采流线,且 $S_2 5^1$ 小层已出现底部水淹,平面及纵向其他部位储量动用程度仍较低。

③ 井网加密(2006 年 3 月—2011 年 10 月)。

该开发阶段油水井井距进一步缩小(150~200 m),油井整体提液,注采压差的放大加速了优势渗流通道的形成,水窜严重(图 5-2-39)。水井控制注水,导致永 8-7 块注采比较低,能量下降快,能量与含水矛盾突出。

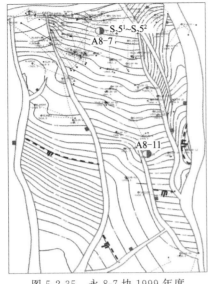

图 5-2-35 永 8-7 块 1999 年度
$S_2 5^1$ 小层井网

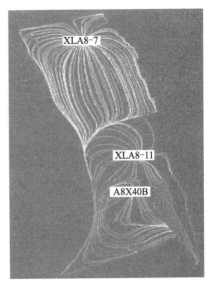

图 5-2-36 $S_2 5^1$ 小层
（1～10 网格）流线模型

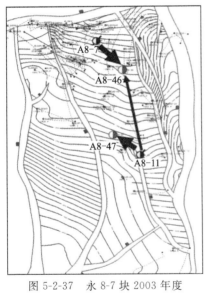

图 5-2-37 永 8-7 块 2003 年度
$S_2 5^1$ 小层井网

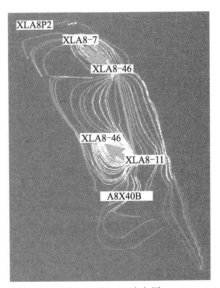

图 5-2-38 $S_2 5^1$ 小层
（1～10 网格）流线模型

从流线模型（图 5-2-40）中看，该阶段已经形成多条注水优势渗流通道，与动态分析一致，$S_2 5^1$ 小层底部水淹程度加重。

④ 层系重组（2011 年 11 月—目前）。

该开发阶段 2012 年进行层系重组综合调整，Ⅰ类层进行单层开发，Ⅱ类层为一套井网开发。$S_2 5^1$ 小层属于Ⅰ类层，单层开发，目前平面上储量控制程度较高，从模型（图5-2-41）中可以看出，底部水淹问题仍然存在，并继续加剧，优势渗流通道的存在导致纵向上储量动用程度仍然较差，优势渗流通道问题亟待解决。

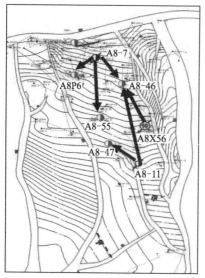

图 5-2-39 永 8-7 块 2010 年度
$S_2 5^1$ 小层井网

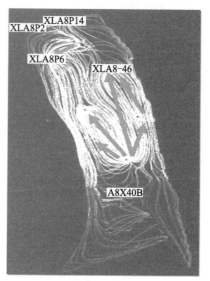

图 5-2-40 $S_2 5^1$ 小层
(1～10 网格)流线模型

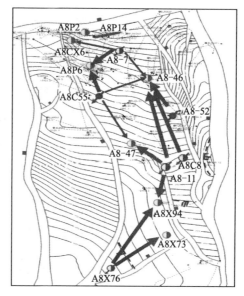

图 5-2-41 永 8-7 块 2012 年度 $S_2 5^1$ 小层井网图

从流线模型(图 5-2-42)中看出,$S_2 5^1$ 小层底部水淹程度较高,平均底部 1.5 m 有水淹现象,放大倍数在 1.2 倍左右,纵向上其他部位储量动用程度较低。

根据永 8-7 块的相渗曲线和分流量曲线(图 5-2-43)可知,初始含水饱和度为 0.28,参照胜利油田地质科学研究院含水饱和度升高 20% 为优势通道的标准计算优势通道体积;含水饱和度在 0.48 时,含水率已达到 0.96,含水率超过 0.96 后经济效益较小,所以分析结果认为:含水饱和度增大 0.2,达到 0.48 以后油藏存在优势渗流通道。

确定了优势渗流通道存在的界线值就可以进行优势通道参数计算,定量描述优势渗流通道。通过永 8 断块 $S_2 5^1$ 小层原始含油面积内的孔隙体积为 95.8×10^4 m^3,含水饱和度大于等于 0.48 的网格的孔隙体积为 $8.15 \times 10^4 \ m^3$，占 $S_2 5^1$ 小层孔隙体积的 8.5%（图 5-2-44）。

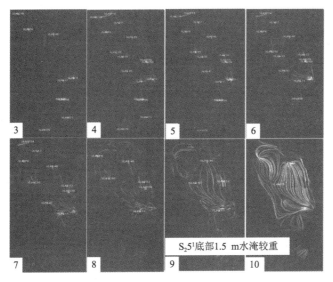

图 5-2-42　永 8-7 块 $S_2 5^1$ 小层纵向 3～10 网格流线模型

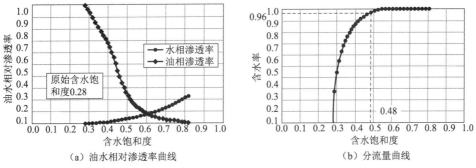

（a）油水相对渗透率曲线　　　　　　　　　　（b）分流量曲线

图 5-2-43·　新立村油田永 8 断块油水相对渗透率曲线及分流量曲线

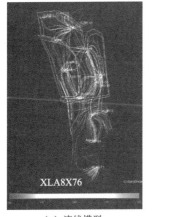

（a）流线模型　　　　　　　　　　（b）$S_w > 0.48$

图 5-2-44　永 8 断块 $S_2 5^1$～$S_2 5^2$ 小层流线模型图和 $S_w > 0.48$ 分布图

四、永 8 断块优势通道形成原因

通过综合地质分析、动态分析、流线模型、黑油模型、示踪剂等研究成果,结合永 8-斜检 1 井的资料,确定了永 8 断块油藏平面、纵向上的优势通道分布情况,取心井永 8-斜检 1 井取心层位为 $S_2 5^3 \sim S_2 7^4$ 小层,与 $S_2 5^1$、$S_2 5^2$ 小层具有相同的物源及沉积体系,为一套进积三角洲沉积体系,资料可参考性高。通过密闭取心,了解主力厚层底部水窜部位储层发育状况和大孔道形成原因。

1. 岩性特征

(1)岩石类型。

岩心全井显示含油性好,以棕褐色、黑褐色富含油细砂岩为主,胶结疏松。根据薄片鉴定结果及 X-衍射全岩分析可知,矿物成分主要是石英、钾长石、斜长岩,砂岩中石英含量平均 78.75%,斜长石含量平均 12.3%,钾长石含量平均 5.55%,岩屑平均 2.45%,岩屑为黏土矿物,不同小层岩石矿物成分基本相当,成分成熟度较高,为长石质石英砂岩。

(2)成岩作用。

碎屑颗粒胶结疏松,分选中等—好,次圆—次棱角状,颗粒支撑,点接触,结构成熟度较高,压实作用不强,储集空间以原生孔为主,成岩作用弱,导致储层易出砂。填隙物主要是石英、斜长石、钾长石、高岭石、绿泥石、伊蒙混层、黄铁矿(图 5-2-45)。钾长石和钠长石有溶蚀现象。高岭石呈假六边形片状,绿泥石呈片状,伊蒙混层呈片状。

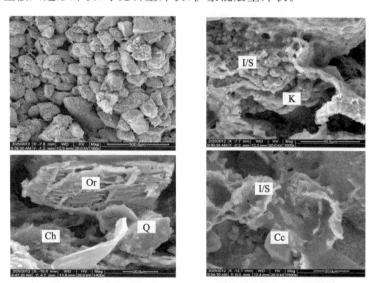

图 5-2-45 新立村油田永 8 断块永 8-斜检 1 井扫描电镜照片

I/S—伊蒙混合层;K—高岭石;Ch—绿泥石;

Q—石英;Cc—方解石;Or—钾长石

(3)黏土矿物。

黏土含量总体较低,为 1%~4%,平均为 2.5%,成分以高岭石(56%)为主,其次是伊蒙混层(31%)、绿泥石(8%)和伊利石(4%)。

2. 储层物性特征

取心井目的层段孔隙度一般为 $25.2\%\sim41.8\%$，平均 33.5%，垂向上来看，$S_2 7^4$ 小层最高，孔隙度平均为 35.8%。粒度中值平均 $0.18~mm$，主要集中在 $0.1\sim0.2~mm$。各小层渗透率分布区间为 $(9.23\sim18~800)\times10^{-3}~\mu m^2$，平均 $1~920\times10^{-3}~\mu m^2$，其中渗透率最大的小层 $S_2 7^1$，平均为 $5~477.7\times10^{-3}~\mu m^2$。总之，该区取心目的层段储层主要为高孔、中高渗储层。

（1）垂向渗透率。

岩心垂向渗透率与水平渗透率之比平均为 0.7（图 5-2-46），说明纵向连通性好，重力作用更加明显，注入水更容易沿厚层底部流动。

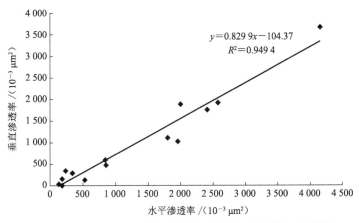

$$y=0.829~9x-104.37$$
$$R^2=0.949~4$$

图 5-2-46　新立村油田永 8 断块永 8-斜检 1 井光分解成果图

（2）非均质性。

各小层突进系数平均 3.26，变异系数平均 0.89。从层间非均质参数的结果来看，突进系数 2.85，变异系数 0.66，相对均质。对比来看，层内非均质程度比层间要强（表 5-2-10）。根据永 8-斜检 1 井的突进系数可知层内非均质性较强，注入水易沿着高渗带窜流形成优势通道。

表 5-2-10　新立村油田永 8 断块永 8-斜检 1 井非均质参数表

层　位	样品数	渗透率/$(10^{-3}\mu m^2)$		突进系数		变异系数	
		范　围	平　均	层　内	层　间	层　内	层　间
$S_2 5^4$	19	$9.23\sim2~930$	641	4.57		1.19	
$S_2 5^5$	75	$154\sim7~120$	1 770	4.02		0.78	
$S_2 6^5$	40	$69\sim18~800$	3 141.8	5.98		1.78	
$S_2 7^1$	8	$82.1\sim10~900$	5 477.7	1.99	2.85	0.79	0.66
$S_2 7^2$	3	$39.6\sim5~070$	3 093	1.64		0.71	
$S_2 7^4$	61	$294\sim3~090$	1 620.0	1.91		0.41	
$S_2 8$	24	$231\sim2~150$	789.2	2.72		0.62	
合　计	230	$9.23\sim18~800$	1 920	3.26		0.90	

3. 储层微观孔喉特征

据薄片分析结果，面孔率平均 12%，孔隙发育，连通性整体较好，局部较差。孔隙类型主要为原生粒间孔,形状多为三角形、四边形及不规则多边形。孔径在 0.02～0.2 mm。喉道主要为管状喉、点状喉,一般喉宽在 0.01～0.04 mm。属于大孔—特高孔、中喉储层。毛管力曲线(图 5-2-47)的形态呈现长平台、粗歪度的特征。通过 12 块样品的压汞实验结果可知:该井目的层段孔喉半径集中于 2.5～10 μm,储层孔喉中值为 6.952 μm,孔喉半径平均值为 8.785 μm,均质系数为 0.436,变异系数为 0.681,反映出孔喉粗且分选好的特点。

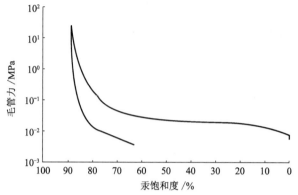

图 5-2-47　新立村油田永 8 断块永 8-斜检 1 井 241 号样品毛管力曲线

4. 润湿性

永 8-斜检 1 井润湿性实验结果是岩石以弱亲油到亲油为主,毛管力表现为水驱油的阻力(表 5-2-11)。

表 5-2-11　新立村油田永 8 断块永 8-斜检 1 井润湿性实验结果

样品号	层　位	深度/m	水润湿指数	油润湿指数	润湿类别
12	$S_2 5^4$	1 890.12	0.11	0.22	弱亲油
30	$S_2 5^4$	1 892.12	0.08	0.20	弱亲油
40	$S_2 5^5$	1 894.22	0.01	0.14	弱亲油
91	$S_2 5^5$	1 899.86	0.12	0.58	亲　油
148	$S_2 5^5$	1 906.05	0.09	0.20	弱亲油
224	$S_2 6^5$	1 934.48	0.03	0.14	弱亲油
239	$S_2 6^5$	1 937.01	0.03	0.16	弱亲油
262	$S_2 6^5$	1 939.44	0.09	0.20	弱亲油
274	$S_2 7^1$	1 943.55	0.00	0.22	弱亲油
285	$S_2 7^2$	1 945.85	0.00	0.19	弱亲油
299	$S_2 7^4$	1 972.55	0.10	0.21	弱亲油
399	$S_2 7^4$	1 989.78	0.00	0.12	弱亲油
452	$S_2 7^4$	2 000.45	0.08	0.20	弱亲油

5. 速敏性

根据永 8-斜检 1 井的岩样速敏评价,该区块为中—强速敏为主。

因流体速度变化而引起地层颗粒运行堵塞喉道,导致流体渗流阻力局部增大,增大了流体对岩石的拖拽力,未被阻挡的更细微粒随流体进入井筒造成出砂,采液强度越大,出砂越严重。

6. 储层厚度

对均质厚层底部水淹严重,由于流体重力作用,相对均质厚层底部水淹严重,砂体厚度越大,底部越容易形成窜流通道。如 $S_2 5^5$ 小层,该小层厚度约为 16 m,属于厚层,储层相对比较均质,从水淹剖面(图 5-2-48)可以看出底部水淹较上部水淹严重。

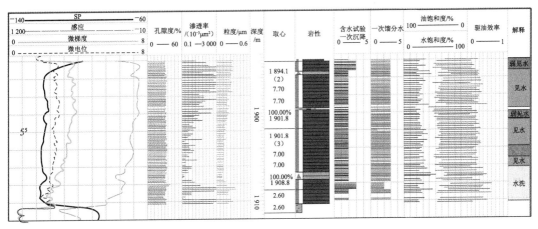

图 5-2-48　新立村油田永 8 断块永 8-斜检 1 井水淹剖面图($S_2 5^5$ 小层)

$S_2 6^5$ 小层底部存在大孔道,驱油效率明显升高,这与该段的物性明显变好有关。该段的渗透率、孔喉半径、粒度中值均比 $S_2 6^5$ 小层平均值要大得多(表 5-2-12),注入水优先从该段通过形成优势通道,注入孔隙体积倍数增加,使驱油效率升高(图5-2-49)。

表 5-2-12　新立村油田永 8 断块永 8-斜检 1 井大孔道判别参数

参　数	大孔道	层平均
渗透率/($10^{-3} \mu m^2$)	14 900	3 180
孔喉半径/μm	24.8	8.7
粒度中值/mm	0.48	0.22

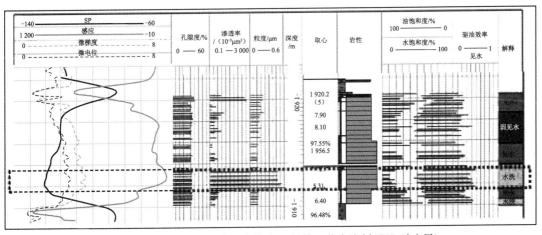

图 5-2-49　新立村油田永 8 断块永 8-斜检 1 井水淹剖面($S_2 6^5$ 小层)

永 8-7 块 $S_2 5^1$ 小层厚度平均为 7.9 m，$S_2 5^2$ 小层砂体厚度平均为 10.8 m(图 5-2-50)，砂体厚度较大，受重力作用明显(表 5-2-13)，容易在储层底部形成窜流通道。

表 5-2-13　新立村油田永 8 断块永 8-斜检 1 井大孔道判别参数

井　块	小　层	油层厚度/m	水洗厚度/m	水洗厚度/%
永 8-斜检 1	$S_2 5^5$	16	4	25
	$S_2 6^5$	11	2.5	22.7
永 8-7 块	$S_2 5^1$	7.9	1.5	18.9

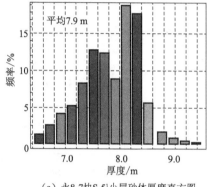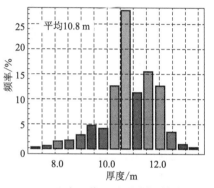

（a）永8-7块$S_2 5^1$小层砂体厚度直方图　　　　（b）永8-7块$S_2 5^2$小层砂体厚度直方图

图 5-2-50　新立村油田永 8-7 块 $S_2 5^1$、$S_2 5^2$ 小层砂体厚度直方图

7. 原油黏度

当流体对岩石的冲刷力与拖拽力超过岩石的抗拉强度时，导致油层出砂。原油黏度越高，渗流速度越大，对砂粒的冲刷力和拖拽力越强，破坏越严重，油层越容易出砂。永 8-7 块 $S_2 5^1$ 小层实验区原油黏度目前与初期对比明显增大(表 5-2-14)。

表 5-2-14　永 8-7 块地下与地面原油黏度对比

时　间	地下原油黏度/(mPa·s)	地面原油黏度/(mPa·s)
初　期	147.3	911～1 297
目　前	347	1 640～2 911

第三节　永 8 断块油藏微球深部调驱实践

结合对永 8 断块油藏优势渗流场的描述，以下对微球调驱配产配注方案设计、单井设计及施工和开发效果的微球深部矿场调驱实施情况进行分析。

一、永 8 油藏微球配产及参数优化

1. 永 8 油藏微球配产方案

利用流线法数值模拟定量描述优势渗流通道，针对优势渗流通道问题制订预测方案，选择优化方法，确定控制条件，分析预测指标，调整对策，达到改善水驱开发效果、调高采收率的目的。

　　分别预测调堵前后两种情况下不同油水井参数的生产情况。永 8 $S_2 5^1 \sim S_2 5^2$ 小层含水已达到 90％，下一步需要提液提高储量动用，以目前生产参数做参考，恢复地层能量为目标，定井底流压 9 MPa，调整注水量，设计 3 套配注方案（表 5-3-1）。

表 5-3-1　注水井 3 套配注方案统计表　　　　　　　　　　单位：m^3/d

井　号	目前配注	方案 1	方案 2	方案 3
A8-11	30	44	70	88
A8-52	51	75	119	149
A8-7	81	118	189	237
A8C55	52	76	122	152
A8C8	58	85	136	170
A8P23	37	54	87	108
A8X76	33	48	77	96
合　计	342	500	800	1 000

　　在存在优势通道情况下，油藏优势通道影响明显，提液可以小幅提高采出程度，但含水率上升加快，且含水率上升速度随着注水量的增大而增大（图 5-3-1a）。

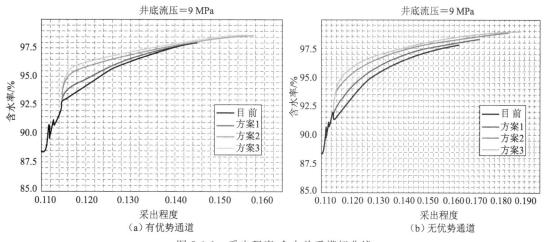

图 5-3-1　采出程度-含水关系模拟曲线

　　不存在优势通道时，水驱效果较好，采出程度明显提高，但液量过高时含水率仍然上升迅速，方案 1 为最优方案（图 5-3-1b）。

　　选定合适的注水量后，通过改变不同井底流压控制油井生产参数，定单井注水量，调整井底流压，对采油井设计 6 套配产方案（表 5-3-2）。

表 5-3-2　采油井 6 套配产方案统计表

配产方案	方案 1	方案 2	方案 3	方案 4	方案 5	方案 6
井底流压/MPa	5	6	7	8	9	10

　　存在优势通道时，提液效果较好，含水下降，且随流压下降，液量上升，含水下降幅度增大，采出程度提高（表 5-3-3、图 5-3-2a）。

表 5-3-3 有优势通道数模结果

井底流压/MPa	采出程度/%	含水率/%
5	15.4	95.8
6	15.3	96.7
7	14.7	96.7
8	14.6	97.4
9	14.5	97.9
10	14.5	98.7

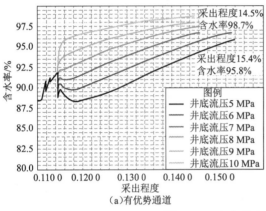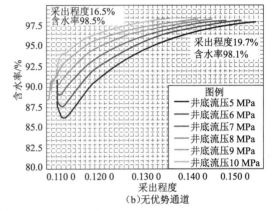

图 5-3-2 含水率-采出程度关系模拟曲线

不存在优势通道时,提液效果在油优势通道情况下进一步改善,其含水率下降明显,采出程度大幅提高(表 5-3-4、图 5-3-2b)。

表 5-3-4 无优势通道数模结果

井底流压/MPa	采出程度/%	含水率/%
5	19.7	98.1
6	19.1	98.2
7	18.5	98.2
8	17.9	98.3
9	17.3	98.3
10	16.5	98.5

根据极限流压公式:

$$p_{jw} = \rho_l g (H_c - H_f) \times 10^{-6} \qquad (5\text{-}3\text{-}1)$$

式中 p_{jw}——极限流压,MPa;

ρ_l——液柱密度,kg/m³;

H_c——油藏中部深度,m;

H_f——动液面深度,m。

结合井场实际情况以及油藏特性,预测极限动液面为 1 300 m,极限流压为 6 MPa。确定调整方向后,根据目前井况和生产情况,通过调整井底流压逐井优化单井生产参数,排除数模结果中不合适的液量。

2. 微球施工参数设计

采用微球调驱方案工艺对在线注入时调剖剂的注入压力、调剖剂的注入速度和典型井进行设计。

(1) 调剖剂的注入压力。

调剖剂的注入以正常注堵剂的压力上升2～5 MPa为宜,永8-侧55井目前注水系统压力泵压9.5 MPa,设计本轮次最高注入限压11 MPa(注顶替液后注入压力恢复到9.5 MPa以下)。

(2) 调剖剂的注入速度。

调剖剂的注入速度应靠近注水井的注水速度,同时也需考虑注入设备的条件和施工时间。永8-侧55井的配注为50 m³,注冻胶调剖剂的注入速度以2～3 m³/h为宜;永8-52井的配注为50 m³,注冻胶调剖剂的注入速度以2 m³/h为宜;永8-7井的配注为90 m³,综合这些因素,调剖剂的注入速度以3～4 m³/h为宜。后期注微球采用在线注入方式,在注微球的速度与配注相同的情况下,考虑是否需要调整配注速度。

(3) 永8-52井施工设计。

① 采用光油管实施调剖工艺(图5-3-3)。

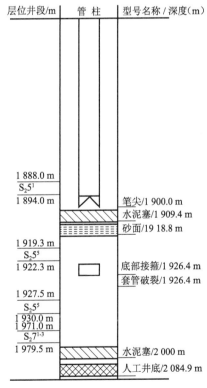

图5-3-3 永8-52井管柱图

② 接好井口流程试压。注水试注流程合格,按照规定的注入速度注水30 m³录取稳定的施工油压。

③ 测试注水指示曲线、压降曲线及吸水剖面。

④ 首先注入弱冻胶 500 m³,配方为 0.35%SD-201＋0.6%SD-103＋0.01%SD-107;若注入油压低于限压 11 MPa 则继续注入以下段塞;若高于限压 11 MPa 则转注顶替液 40 m³,然后正向注入脱油污水 30 m³,反向注入脱油污水 10 m³;测试 PI 值与 FD 值,根据决策结果执行下一步工序。

⑤ 采用在线注入方式注入 SD-310 微球 2 800 m³,配方为 0.2%SD-310;根据压力变化动态调整浓度。

⑥ 注入 SD-320 微球 1 800 m³,配方为 0.2%SD-320;根据压力变化动态调整浓度。

⑦ 采用井口调剖泵注入方式再注入弱冻胶 800 m³,配方为 0.35%SD-201＋0.6%SD-103＋0.01%SD-107;若注入油压低于限压 11 MPa 则继续注入以下段塞;若高于限压 11 MPa 则转注顶替液 40 m³,然后正向注入脱油污水 30 m³,反向注入脱油污水 10 m³;再注入强冻胶 300 m³,配方为 0.40%SD-201＋0.8%SD-103＋0.01%SD-107,目的封口,保护段塞。

⑧ 注入 0.4%SD-201 的过顶替液 40 m³,然后正向注入脱油污水 30 m³,反向注入脱油污水 10 m³,关井 3 d 后注水测井口压降,计算 PI 值,若未达到设计要求,则追加调剖段塞用量。

(4) 永 8-侧 55 井施工设计。

① 采用光油管实施调剖工艺(图 5-3-4)。由于目前尾管在油层以上,建议在管柱底部接上 φ60 mm 小油管,400 m 长尾管下移至 1 930 m。

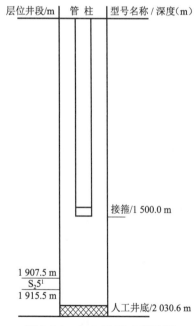

图 5-3-4　永 8-侧 55 井管柱图

② 接好井口流程试压。注水试注流程合格,按照规定的注入速度注水 30 m³ 录取稳定的施工油压。

③ 测试注水指示曲线、压降曲线及吸水剖面。

④ 首先注入弱冻胶 500 m³,配方为 0.35%SD-201＋0.6%SD-103＋0.01%SD-107;若注入油压低于限压 11 MPa 则继续注入以下段塞;若高于限压 11 MPa 则转注顶替液 40 m³,

然后正向注入脱油污水 30 m³,反向注入脱油污水 10 m³;测试 PI 值与 FD 值,根据决策结果执行下一步工序。

⑤ 采用在线注入方式注入 SD-310 微球 7 700 m³,配方为 0.2％SD-310;根据压力变化动态调整浓度。

⑥ 注入 SD-320 微球 1 600 m³,配方为 0.2％SD-320;根据压力变化动态调整浓度。

⑦ 采用井口调剖泵注入方式再注入弱冻胶 700 m³,配方为 0.35％SD-201＋0.6％SD-103＋0.01％SD-107;若注入油压低于限压 11 MPa 则继续注入以下段塞;若高于限压11 MPa 则转注顶替液 40 m³,然后正向注入脱油污水 30 m³,反向注入脱油污水 10 m³;注入强冻胶 200 m³,配方为 0.40％SD-201＋0.8％SD-103＋0.01％SD-107,目的封口,保护段塞。

⑧ 注入 0.4％SD-201 的过顶替液 40 m³,然后正向注入脱油污水 30 m³,反向注入脱油污水 10 m³,关井 3 d 后注水测井口压降,计算 PI 值,若未达到设计要求,则追加调剖段塞用量。

(5) 永 8-7 井施工设计。

以下对永 8-7 井 S_25^1 和 S_25^2 两小层分别作调剖施工设计,均采用目前管柱实施调剖设计(图 5-3-5)。

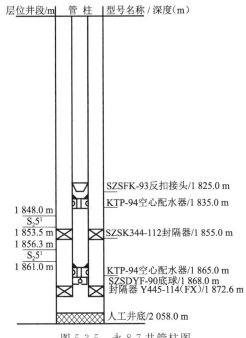

图 5-3-5 永 8-7 井管柱图

① 永 8-7 井 S_25^1 小层。

a. 首先关闭 S_25^2 小层水嘴,打开 S_25^1 小层水嘴,单独对 5^1 小层调剖。

b. 接好井口流程试压。注水试注流程合格,按照规定的注入速度注水 30 m³ 录取稳定的施工油压。

c. 测试注水指示曲线、压降曲线及吸水剖面。

d. 首先注入弱冻胶 300 m³,配方为 0.35％SD-201＋0.6％SD-103＋0.01％SD-107;若注入油压低于限压 11 MPa 则继续注入以下段塞;若高于限压 11 MPa 则转注顶替液 40 m³,然后正向注入脱油污水 30 m³,反向注入脱油污水 10 m³;测试 PI 值与 FD 值,根据决策结果执行下一步工序。

e. 采用在线注入方式注入 SD-310 微球 2 500 m³,配方为 0.2%SD-310;根据压力变化动态调整浓度。

f. 注入 SD-320 微球 2 300 m³,配方为 0.2%SD-320;根据压力变化动态调整浓度。

g. 采用井口调剖泵注入方式再注入强冻胶 200 m³,配方为 0.40%SD-201+0.8%SD-103+0.01%SD-107;若注入油压低于限压 11 MPa 则继续注入以下段塞;若高于限压 11 MPa 则转注顶替液 40 m³,然后正向注入脱油污水 30 m³,反向注入脱油污水 10 m³。

h. 注入 0.4%SD-201 的过顶替液 40 m³,然后正向注入脱油污水 30 m³,反向注入脱油污水 10 m³,关井 3 d 后注水测井口压降,计算 PI 值,若未达到设计要求,则追加调剖段塞用量。

② 永 8-7 井 $S_2 5^2$ 小层。

a. $S_2 5^1$ 小层调剖后,采用目前管柱继续对 $S_2 5^2$ 小层实施调剖工艺。关闭 $S_2 5^1$ 小层水嘴,打开 $S_2 5^2$ 小层水嘴,单独对 $S_2 5^2$ 小层调剖。

b. 接好井口流程试压。注水试注流程合格,按照规定的注入速度注水 30 m³ 录取稳定的施工油压。

c. 测试注水指示曲线、压降曲线及吸水剖面。

d. 首先采用在线注入方式注入 SD-310 微球 8 600 m³,配方为 0.2%SD-310;根据压力变化动态调整浓度。

e. 注入 SD-320 微球 2 100 m³,配方为 0.2%SD-320;根据压力变化动态调整浓度。

f. 采用井口调剖泵注入方式再注入弱冻胶 900 m³,配方为 0.350%SD-201+0.6%SD-103+0.01%SD-107;若注入油压低于限压 11 MPa 则继续注入以下段塞;若高于限压 11 MPa 则转注顶替液 50 m³,然后正向注入脱油污水 30 m³,反向注入脱油污水 10 m³;注入强冻胶 300 m³,配方为 0.4%SD-201+0.8%SD-103+0.01%SD-107,目的封口,保护段塞。

g. 注入 0.4%SD-201 的过顶替液 40 m³,然后正向注入脱油污水 30 m³,反向注入脱油污水 10 m³,关井 3 d 后注水测井口压降,计算 PI 值,若未达到设计要求,则追加调剖段塞用量。

二、永 8 油藏微球调驱单井设计

1. 永 8-7 井组单井设计

根据物模实验结果,堵剂最佳用量为优势通道体积的 0.4~0.5 倍,按照(0.4~0.5)PV 优势通道体积计算各井、各层系调剖用量(表 5-3-5),本次调剖用量按照 0.4 PV 计算。

表 5-3-5　调剖用量

井 号	$S_2 5^1$ 小层			$S_2 5^2$ 小层		
	优势通道体积	0.4 PV	0.5 PV	优势通道体积	0.4 PV	0.5 PV
永 8-7	11 000	4 400	5 500	28 000	11 200	14 000

(1)调剖剂的用量。

根据数模解释成果,$S_2 5^1$ 小层 XLA8-7 井区优势通道体积为 $1.1×10^4$ m³。$S_2 5^2$ 小层的永 8-7 井组优势通道体积为 $2.8×10^4$ m³。调剖剂的用量按上述计算,可按下式估算处理半径:

$$V' = \pi(R_2^2 - R_1^2)h\phi\alpha\gamma \tag{5-3-2}$$

式中　V'——调剖剂的估算用量,m³;

　　　R_2——调剖剂在高渗透层外沿半径,m;

R_1——调剖剂在高渗透层内沿半径,m;

h——注水地层厚度,m;

ϕ——注水地层的孔隙度;

α——高渗透层厚度占注水地层厚度的百分数,取 $10\%\sim30\%$;

γ——调剖剂注入的方向系数,取 $0.25\sim1.00$。

调剖处理半径见表 5-3-6。

表 5-3-6 调剖处理半径

层 系	井 号	调剖剂用量/m³	π	外沿半径 R_2/m	内沿半径 R_1/m	孔隙度 ϕ	调剖油层厚度 h/m	面积波及系数	纵向波及系数
$S_2 5^1$	永 8-7	5 004	3.14	70	3	0.314 8	6.9	0.75	0.2
$S_2 5^2$	永 8-7	11 931	3.14	95	3	0.326 7	8.6	0.75	0.2

设计选取内沿半径为 3 m,即 3 m 距离不放置任何堵剂,按照数模研究成果,0.4 PV 的优势通道用量,各层外沿半径在 $70\sim100$ m 范围内。

(2)过顶替液的用量。

选用黏度不小于近井地带冻胶溶液的聚合物做过顶替液,将冻胶顶替出井眼至少 3.0 m 以外的距离,减小恢复注水后的注水压力。

由于近井地带冻胶中 SD-201 聚合物含量为 0.4%,因此过顶替液的配方可选为 0.4% SD-201。过顶替液用量按下式计算:

$$V_2 = \pi R_1^2 h \phi \alpha_1 \beta \qquad (5\text{-}3\text{-}3)$$

式中 V_2——过顶替液用量,m³;

R_1——过顶替液到达的距离,m;

h——油层厚度,m;

α_1——过顶替液进入的厚度占油层厚度的百分数,%;

β——方向系数,%。

已知 $R_1 = 3$ m,ϕ 取 $29\%\sim32\%$,$\alpha_1 = 80\%$,$\beta = 75\%$,按照上述公式计算,则各井的过顶替液用量见表 5-3-7。

表 5-3-7 过顶替液用量计算表

层 系	井 号	顶替液用量/m³	π	外沿半径 R_1/m	孔隙度 ϕ	调剖油层厚度 h/m	面积波及系数	纵向波及系数
$S_2 5^1$	永 8-7	40	3.14	3	0.314 8	6.9	0.75	0.8
$S_2 5^2$	永 8-7	50	3.14	3	0.326 7	8.6	0.75	0.8

(3)段塞组合。

动态监测资料显示注水井组油、水井间连通性关系,8 口油井都检测到示踪剂,共有 17 条通道,说明油水井间有良好的连通性关系。在 17 条通道中,只有永 8-47 为 3 条窜流通道,渗透率最大为 7.22 μm^2,孔喉直径最大为 25.69 μm。

示踪剂解释结果:永 8-7 井与对应油井之间的地下流体通道孔隙体积为 2 798 m³。其中高渗通道(渗透率在 $1\sim2$ μm^2)的体积与窜流通道(渗透率在 $2\sim20$ μm^2)的体积之和称为优势通道体积。永 8-7 井优势通道体积为 48.1 m³。2011 年调剖后吸水剖面解释,$S_2 5^1$ 小层吸水好。结合该井示踪剂描述,目前优势通道应该在 $S_2 5^1$ 小层(图 5-3-6)。

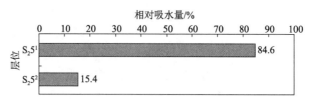

图 5-3-6　永 8-7 井调剖前后吸水剖面

以永 8-7 井为例子进行段塞组合设计。该井 $S_2 5^1$ 小层设计以中—弱—中—强为主的方式注入段塞(表5-3-8),所用堵剂备料见表5-3-9。

表 5-3-8　永 8-7 井 $S_2 5^1$ 小层段塞组合

段 塞	处理半径/m	用 量/m³	地层压降/MPa	堵剂类型	配　方	备　注
中		300		弱冻胶	0.35%SD-201+0.6%SD-103+0.01%SD-107	地层预处理,8 d 成胶
弱	50~70	2 500	0.03~0.04	SD-310	0.2%SD-310	纳米级深部调剖,10 d 膨胀
弱	15~50	2 300	0.04~0.12	SD-320	0.2%SD-320	微米级深部调剖,10 d 膨胀
强	3~15	200	0.12~0.62	强冻胶	0.40%SD-201+0.8%SD-103+0.01%SD-107	封口段塞,3 d 成胶
	0~3	40		聚合物	0.4%SD-201	过顶替液
合 计		5 340				

表 5-3-9　永 8-7 $S_2 5^1$ 小层所需的化学剂用量

井　号	段 塞	堵窜剂类型	用量/m³	需用化学剂/t				
				SD-201	SD-103	SD-107	SD-310	SD-320
永 8-7 $S_2 5^1$ 小层	1	弱冻胶	300	1.05	1.8	0.03		
	2	纳米级微球	2 500				5	
	3	微米级微球	2 300					4.6
	4	强冻胶	200	0.8	1.6	0.02		
	5	过顶替液	40	0.16				
		小 计	5 340	2.01	3.4	0.05	5	4.6

$S_2 5^2$ 小层段塞组合以弱—弱—中—强为主(表 5-3-10),所用堵剂备料见表5-3-11。

表 5-3-10　永 8-7 井 $S_2 5^2$ 小层段塞组合

段 塞	处理半径/m	用 量/m³	地层压降/MPa	堵剂类型	配　方	备　注
弱	50~95	8 600	0.02~0.04	SD-310	0.2%SD-310	纳米级深部调剖,10 d 膨胀
弱	30~50	2 100	0.04~0.06	SD-320	0.2%SD-320	微米级深部调剖,10 d 膨胀
中	15~30	900	0.06~0.12	弱冻胶	0.35%SD-201+0.6%SD-103+0.01%SD-107	近井地带 8 d 成胶
强	3~15	300	0.12~0.62	强冻胶	0.40%SD-201+0.8%SD-103+0.01%SD-107	封口段塞,3 d 成胶
	0~3	50		聚合物	0.4%SD-201	过顶替液
合　计		11 950				

表 5-3-11 永 8-7 $S_2 5^2$ 小层所需的化学剂用量

井 号	段 塞	堵窜剂类型	用量/m^3	需用化学剂/t				
				SD-201	SD-103	SD-107	SD-310	SD-320
永 8-7 $S_2 5^2$ 小层	1	纳米级微球	8 600				17.2	
	2	微米级微球	2 100					4.2
	3	弱冻胶	900	3.15	5.4	0.09		
	4	强冻胶	300	1.2	2.4	0.03		
	5	过顶替液	50	0.2				
		小 计	11 950	4.55	7.8	0.12	17.2	4.2

2. 永 8-52 井组单井设计

（1）调剖剂的用量。

根据数模解释成果，$S_2 5^1$ 小层 XLA8-52 井区各井组优势通道体积为 1.4×10^4 m^3（表 5-3-12）。

表 5-3-12 XLA8-52 井区调剖用量

井 号	优势通道体积	$S_2 5^1$ 小层	
		0.4 PV	0.5 PV
永 8-52	14 000	5 600	7 000

调剖剂的用量按表 5-3-2 计算，可按式（5-3-2）估算处理半径。

表 5-3-13 调剖处理半径

层 系	井 号	调剖剂用量/m^3	π	外沿半径 R_2/m	内沿半径 R_1/m	孔隙度 ϕ	调剖油层厚度 h/m	面积波及系数	纵向波及系数
$S_2 5^1$	永 8-52	5 674	3.14	70	3	0.307 9	8	0.75	0.2

设计选取内沿半径为 3 m，即 3 m 距离不放置任何堵剂，按照数模研究成果，0.4 PV 的优势通道体积的用量，估算可得各层外沿半径在 70～100 m 范围内。

（2）过顶替液的用量。

选用黏度不小于近井地带冻胶溶液黏度的聚合物做过顶替液，将冻胶顶替出井眼至少 3.0 m 的距离，减小恢复注水后的注水压力。

由于近井地带冻胶中 SD-201 聚合物含量为 0.4%，因此过顶替液的配方可选为：0.4% SD-201。过顶替液用量按公式（5-3-3）计算。已知 $R_1 = 3$ m，ϕ 取 0.29～0.32，$\alpha_1 = 80\%$，$\beta = 75\%$，则过顶替液用量见表 5-3-14。

表 5-3-14 过顶替液用量计算表

层 系	井 号	过顶替液用量/m^3	π	外沿半径 R_2/m	孔隙度 ϕ	调剖油层厚度 h/m	面积波及系数	纵向波及系数
$S_2 5^1$	永 8-52	40	3.14	3	0.307 9	8	0.75	0.8

（3）段塞组合。

2013 年 5 月 15 日 6:00—5 月 16 日 13:30 注入 200 m^3 卤水，注入速度为 6～7 m^3/h，注

入压力为 1 MPa 左右。对应 6 口井均见剂,说明油水井间有良好的连通性关系。共描述出 35 个通道,其中窜流通道 24 个,渗透率最大为 28.00 μm^2,孔喉直径最大为 50.60 μm。示踪剂动态监测资料显示对应 6 口油井全部检测到示踪剂。

示踪剂解释结果:永 8-52 井与对应油井之间的地下流体通道孔隙体积为 587.3 m^3。其中高渗通道体积(渗透率在 $1 \sim 2$ μm^2)与窜流通道体积(渗透率在 $2 \sim 20$ μm^2)之和为 384.11 m^3。

该井设计以中—弱—弱—中—强的方式注入段塞(表 5-3-15),所用堵剂备料见表 5-3-16。

表 5-3-15　永 8-52 井 $S_2 5^1$ 小层段塞组合

段塞	处理半径/m	用量/m^3	地层压降/MPa	堵剂类型	配　方	备　注
中		500		冻胶	0.35%SD-201+0.6%SD-103+0.01%SD-107	地层预处理,8 d 成胶
弱	50～70	2 800	0～0.04	SD-310	0.2%SD-310	纳米级深部调剖,5 d 膨胀
弱	30～50	1 800		SD-320	0.2%SD-320	微米级深部调剖,5 d 膨胀
中	15～30	800	0.05～0.1	弱冻胶	0.35%SD-201+0.6%SD-103+0.01%SD-107	近井地带 8 d 成胶
强	3～15	300	0.1～0.6	强冻胶	0.40%SD-201+0.8%SD-103+0.01%SD-107	封口段塞,3 d 成胶
	0～3	40		聚合物	0.4%SD-201	过顶替液
合　计		6 240				

表 5-3-16　永 8-52 井 $S_2 5^1$ 小层所需的化学剂用量

井　号	段塞	堵窜剂类型	用量/m^3	需用化学剂/t				
				SD-201	SD-103	SD-107	SD-310	SD-320
永 8-52	1	弱冻胶	500	1.75	3.0	0.05		
	2	纳米级微球	2 800				5.6	
	3	微米级微球	1 800					3.6
	4	弱冻胶	800	2.8	4.8	0.08		
	5	强冻胶	300	1.2	2.4	0.03		
	6	过顶替液	40	0.16				
	小　计		6 240	5.91	10.2	0.16	5.6	3.6

3. 永 8-侧 55 井组单井设计

(1)调剖剂的用量。

根据数模解释成果,XLA8C55 井区 $S_2 5^1$ 小层优势通道体积为 2.5×10^4 m^3(表5-3-17)。

表 5-3-17　调剖用量

井　号	优势通道体积	$S_2 5^1$ 小层	
永 8-侧 55	25 000	0.4 PV	0.5 PV
		10 000	12 500

调剖剂的用量按表 5-3-7 计算,可按式(5-3-2)估算处理半径。

表 5-3-18 调剖处理半径

层 系	井 号	调剖剂用量/m³	π	外沿半径 R_2/m	内沿半径 R_1/m	孔隙度 ϕ	调剖油层厚度 h/m	面积波及系数	纵向波及系数
$S_2 5^1$	永 8-侧 55	10 335	3.14	100	3	0.296 8	7.4	0.75	0.2

设计选取内沿半径为 3 m,即 3 m 距离不放置任何堵剂,按照数模研究成果,0.4 PV 的优势通道用量,各层外沿半径在 70~100 m 范围内。

(2)过顶替液的用量。

选用黏度不小于近井地带冻胶溶液黏度的聚合物做过顶替液,将冻胶顶替出井眼至少 3.0 m 的距离,减小恢复注水后的注水压力。

由于近井地带冻胶中 SD-201 聚合物含量为 0.4%,因此过顶替液的配方可选为:0.4% SD-201。过顶替液用量按公式(5-3-3)计算。已知 $R_1 = 3$ m,ϕ 取 0.29~0.32,$\alpha_1 = 80\%$,$\beta = 75\%$,则过顶替液用量见表 5-3-19。

表 5-3-19 过顶替液用量计算表

层 系	井 号	顶替液用量/m³	π	外沿半径 R_2/m	孔隙度 ϕ	调剖油层厚度 h/m	面积波及系数	纵向波及系数
$S_2 5^1$	永 8-侧 55	40	3.14	3	0.296 8	7.4	0.75	0.8

(3)段塞组合。

2013 年 5 月 15 日 6:00—5 月 16 日 13:30 注入 200 m³ 硫氰酸铵,注入速度 6~7 m³/h,注入压力 1 MPa 左右。对应 8 口油井 5 口井检测到示踪剂,说明油水井间有良好的连通性关系。井间示踪剂动态监测数值解释结果得出:目前,井区中 XLA8CX6、XLA8P14 井与水井存在窜流特大通道,渗透率最大 18.57 μm^2,孔喉直径最大 41.20 μm。

以永 8-侧 55 井为例进行段塞组合设计,该井设计以中—弱—弱—中—强为主(表 5-3-20),所用堵剂备料见表 5-3-21。

表 5-3-20 永 8-侧 55 井 $S_2 5^1$ 小层段塞组合

段 塞	处理半径	用量/m³	地层压降/MPa	堵剂类型	配 方	备 注
中		500		弱冻胶	0.35%SD-201+0.6% SD-103+0.01%SD-107	地层预处理,8 d 成胶
弱	50~100	7 700	0.01~0.02	SD-310	0.2%SD-310	纳米级深部调剖,3 d 膨胀
弱	30~50	1 600	0.02~0.04	SD-320	0.2%SD-320	微米级深部调剖,3 d 膨胀
中	15~30	700	0.04~0.08	弱冻胶	0.35%SD-201+0.6% SD-103+0.01%SD-107	近井地带 8 d 成胶
强	3~15	200	0.08~0.39	强冻胶	0.40%SD-201+0.8% SD-103+0.01%SD-107	封口段塞,3 d 成胶
	0~3	40		聚合物	0.4%SD-201	过顶替液
合 计		10 740				

表 5-3-21　永 8-侧 55 $S_2 5^1$ 小层所需的化学剂用量

井　号	段塞	堵窜剂类型	用量/m³	需用化学剂/t				
				SD-201	SD-103	SD-107	SD-310	SD-320
永 8-侧 55	1	弱冻胶	500	1.75	3.0	0.05		
	2	纳米级微球	7 700				15.4	
	3	微米级微球	1 600					3.2
	4	弱冻胶	700	2.45	4.2	0.07		
	5	强冻胶	200	0.8	1.6	0.02		
	6	过顶替液	40	0.16				
		小　计	10 740	5.16	8.8	0.14	15.4	3.2

三、永 8 油藏微球施工及效果分析

1. 永 8 油藏施工情况

（1）永 8-7 井段塞及方案调整施工。

2014-04-30—2014-05-06 进行第一阶段的施工,施工过程中压力由 6.8 MPa 上升到 9.5 MPa左右,累计注入冻胶 300 m³（图 5-3-7）。

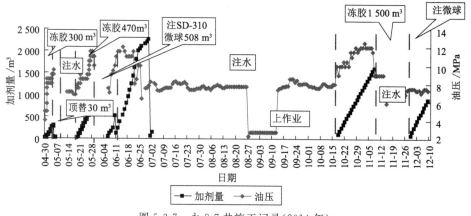

图 5-3-7　永 8-7 井施工记录（2014 年）

2014-05-19—2014-05-29 实施第二阶段施工,前期注入冻胶 470 m³,压力由 7.5 MPa 上升到 8.5 MPa,又注入 100 m³ 强化冻胶,压力上升到 10.5 MPa,后期注入冻胶 190 m³,压力在 10.5～11.5 MPa 之间波动。

2014 年 6 月 4 日开始注浓度为 2 000 ppm 的微球 SD-310,压力在 7.5～9 MPa,累计注入微球 508 m³;2014 年 10 月 17 日变更设计后注入 1 500 m³ 冻胶,压力 10～12 MPa;目前注微球压力为 7.5 MPa。

（2）永 8-52 井段塞及方案调整施工。

2014-04-25—2014-05-03 进行第一阶段的施工,前期施工压力由 7.5 MPa 上升到 8 MPa,然后降到 7 MPa,最后维持在 6.5 MPa 左右,累计注入冻胶 500 m³（表 5-3-22 和图5-3-8）。

表 5-3-22　永 8-52 井施工段塞表

段　塞	工作液	日　期	注入量/m³	注入压力/MPa	备　注
第一段塞	冻　胶	2014-04-25—2014-05-02	500	6.5～7.5	
	顶替液	2014-05-02—2014-05-03	40	6.5	
第二段塞	冻　胶	2014-05-19—2014-05-25	450	7.5	
	强化冻胶	2014-05-25—2014-06-03	645	7.5～8.2	
	顶替液	2014-06-03—2014-06-04	40	8.0	
	注　水	2014-06-04	30	8.0	
第三段塞	SD-310 微球	2014-06-05—2014-06-20	996	8.2～8.5	
	注　水	2014-06-21—2014-06-27	279	6.2	更换油压表后
	SD-310 微球	2014-06-28—2014-07-20	1 160	6.7 左右	
	SD-310：SD-320＝7：3	2014-07-21—2014-07-29	459	6.0～6.7	
	SD-320 微球	2014-07-30—2014-08-06	424	5.5	
	SD-320：SD-350＝8：2	2014-08-07—2014-08-15	454	5.5 上下浮动	
	SD-320：SD-350＝6：4	2014-08-16—2014-08-25	595	5.6～6.2	
	SD-320：SD-350＝8：2	2014-08-26—2014-09-09	910	6.2	
	SD-320：SD-350＝3：7	2014-09-10—2014-10-24	4 210	6.5～7.8	
	注　水	2014-10-25—2014-10-27	486	7.8～7.0	
	SD-320：SD-350＝7：3	2014-10-28—2014-11-05		7～7.5	
	注　水	2014-11-06 至目前		6.1～7.0	
合　计			11 678		

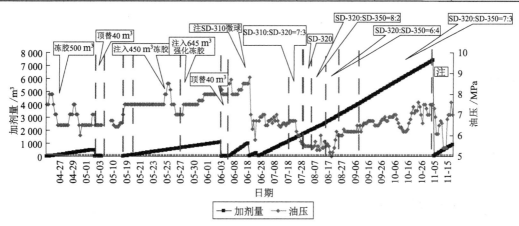

图 5-3-8　永 8-52 井施工记录(2014 年)

2014-05-19—2014-05-25 实施第二阶段施工,前期注入 450 m³ 冻胶,压力为 7.5 MPa,后期注入 645 m³ 强化冻胶,压力由 7.5 MPa 下降到 7 MPa 后又上升到了 8 MPa 左右。

2014-06-05 开始转注微球,前期压力维持在 8 MPa 左右,期间降到 6 MPa,后期涨到 7 MPa 左右,累计注入微球 7 434 m³。

（3）永 8-侧 55 井段塞及方案调整施工。

2014-04-29—2014-05-06 进行第一阶段的施工,施工过程中压力平稳维持在 7.5 MPa 左右,累计注入冻胶 500 m³（表 5-3-23 和图 5-3-9）。

表 5-3-23 永 8-侧 55 井施工段塞表

段 塞	工作液	日 期	注入量/m³	注入压力/MPa	备 注
第一段塞	冻 胶	2014-04-29—2014-05-05	500	6.5～7.5	
	顶替液	2014-05-06	30	6.9～7.5	
第二段塞	冻 胶	2014-05-20—2014-06-03	1 110	7.2～7.8	
	强化冻胶	2014-06-03—2014-06-08	430	8～8.7	
	冻 胶	2014-06-08—2014-06-09	70	8.5	
	顶 替	2014-06-09	40	8.5	
第三段塞	SD-310 微球	2014-06-13—2014-07-20	2 029	7.5～7.0	
	SD-310∶SD-320=7∶3	2014-07-21—2014-07-21	464	7.0	
	SD-310∶SD-320=5∶5	2014-07-22—2014-08-06	416	6.8～6.4	
	SD-320 微球	2014-08-07—2014-08-15	468	6.4～6.3	
	SD-320∶SD-350=8∶2	2014-08-16—2014-09-09	1 505	6.5～6	
	SD-320∶SD-350=3∶7	2014-09-10—2014-09-18	552	5.9	
	SD-320∶SD-350=4∶6	2014-09-19—2014-10-9	1 264	6.0	
	SD-320∶SD-350=5∶5	2014-10-10—2014-10-27	1 030	6.2	
	SD-320∶SD-350=4∶6	2014-10-28—2014-11-05	487	6.1	
	注 水	2014-11-06 至目前		6～5.3	
合 计			10 395		

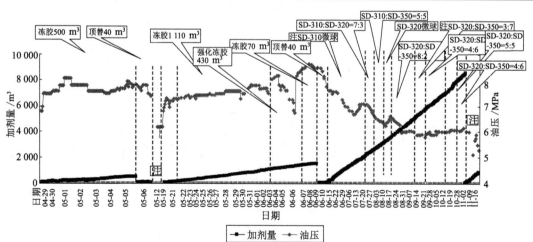

图 5-3-9 永 8-侧 55 井施工记录（2014 年）

2014-05-20—2014-06-09 实施第二阶段施工,前期注入 1 110 m³ 冻胶,前期压力由 7.0 MPa 上升到 7.8 MPa 左右,又注入 430 m³ 强化冻胶,压力由 8 MPa 左右降到 7 MPa 后又升到 8.7 MPa,后期又注了 70 m³ 冻胶,压力维持在 8.5 MPa。

2014-06-13 转注微球,目前已注入 8 215 m³,压力由 7.7 MPa 降到 6.8 MPa,后期降到 6.2 MPa 左右。

2. 永 8 油藏微球效果分析

(1)永 8 调驱单井指标。

① 永 8-52 井效果分析。

永 8-52 井施工前后压降决策指标分析见表 5-3-24,压降曲线如图 5-3-10 所示。

表 5-3-24　永 8-52 井施工前后压降决策表

按 PI 归整值排序										
标号	井号	日期	注水层厚度/m	日注量/(m³·d⁻¹)	注水压力/MPa	PI_{90}/MPa	FD	q/h/(m³·d⁻¹·m⁻¹)	$PI_{90'}^{10.00}$	备注
1	永 8-52	2014-04-10	4.5	52.0	5.2	0.18	0.03	11.56	0.16	施工前
2	永 8-52	2014-11-18	4.5	62.4	7.1	5.8	0.82	13.87	4.18	施工后

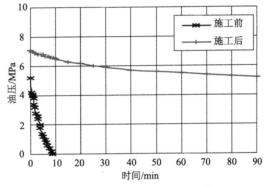

图 5-3-10　永 8-52 井施工前后压降曲线

通过压降曲线可以看出永 8-52 井调剖后的压降曲线上升并变平缓,$PI_{90'}^{10.00}$ 上升了 4.02 MPa,FD 值从 0.03 上升到 0.82。

② 永 8-侧 55 井效果分析。

永 8-侧 55 井施工前后压降决策指标分析见表 5-3-25,压降曲线如图 5-3-11 所示。

表 5-3-25　永 8-侧 55 施工前后压降决策表

按 PI 归整值排序										
标号	井号	日期	注水层厚度/m	日注量/(m³·d⁻¹)	注水压力/MPa	PI_{90}/MPa	FD	q/h/(m³·d⁻¹·m⁻¹)	$PI_{90'}^{10.00}$	备注
1	永 8-侧 55	2014-04-10	5	50.0	5.3	0.1	0.02	10	0.19	施工前
2	永 8-侧 55	2014-11-18	5	64.8	6.9	4.81	0.7	12.96	3.71	施工后

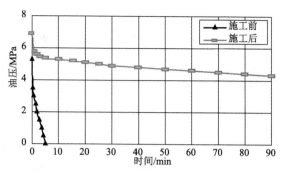

图 5-3-11　永 8-侧 55 井施工前后压降曲线

永 8-侧 55 井调剖前 $PI_{90'}^{10.00}$ 为 0.19 MPa，FD 值 0.02。经过调剖后，$PI_{90'}^{10.00}$ 升至3.71 MPa，FD 值升至 0.7，且曲线明显上升并变缓。

③ 永 8-7 井效果分析。

永 8-7 井施工前后压降决策指标分析见表 5-3-26，压降曲线如图 5-3-12 所示。

表 5-3-26　永 8-7 施工前后压降决策表

按 PI 归整值排序										
标　号	井　号	日　期	注水层厚度/m	日注量/(m³·d⁻¹)	注水压力/MPa	PI_{90}/MPa	FD	q/h/(m³·d⁻¹·m⁻¹)	$PI_{90'}^{10.00}$	备　注
1	永 8-7	2014-05-15	5.5	50.16	7.1	0.70	0.10	9.12	0.77	施工前
2	永 8-7	2014-10-13	8.7	78.00	7.7	4.17	0.54	8.97	4.65	施工中
3	永 8-7	2014-11-18	8.7	84.00	6.6	2.58	0.39	9.66	2.68	施工后

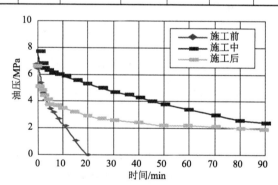

图 5-3-12　永 8-7 井施工前后压降曲线

永 8-7 井调剖前 $PI_{90'}^{10.00}$ 为 0.77 MPa，FD 值为 0.10。经过调剖后，$PI_{90'}^{10.00}$ 升至 2.68 MPa，FD 值升至 0.39。

（2）调驱前后注水压力梯度变化。

根据永 8-7 井组调驱前注入井和生产井的基本生产数据参数（表 5-3-27），于 2014 年 4 月 29 日对井组调驱前期地层压力梯度分布进行测试，测试压力梯度 dp/dr 与 r 关系（表 5-3-28）。

表 5-3-27 永 8-7 井注入井和生产井的基本生产数据参数(调驱前)

注水井			生产井		
井 号	井眼半径/m	井底压力/MPa	井 号	流压/MPa	井距/m
永 8-7	0.062 13	24.66	8CX6	9.33	250
			8P2	7.18	175
			8P14	5.81	100
			8-46	11.21	225
			8P6	8.75	160
			8-47	11.59	580

表 5-3-28 永 8-7 井压力梯度 $\mathrm{d}p/\mathrm{d}r$ 与 r 关系(调驱前)

8-7 井压力梯度 $\mathrm{d}p/\mathrm{d}r$ 与 r 关系						
r/m	$(\mathrm{d}p/\mathrm{d}r)/(\mathrm{MPa \cdot m^{-1}})$					
	8CX6	8P2	8P14	8-46	8P6	8-47
0.1	18.5	22	25.5	16.4	20.3	14.3
0.3	6.16	7.3	8.5	5.5	6.8	4.8
0.5	3.7	4.4	5.1	3.3	4	2.86
1	1.85	2.2	2.55	1.64	2	1.43
3	0.62	0.73	0.85	0.55	0.68	0.48
5	0.37	0.44	0.51	0.33	0.4	0.29
10	0.18	0.22	0.26	0.16	0.2	0.14
30	0.06	0.07	0.09	0.05	0.07	0.05
50	0.04	0.04	0.05	0.03	0.04	0.03
70	0.03	0.03	0.04	0.03	0.03	0.02
100	0.02	0.02	0.03	0.016	0.02	0.014
150	0.012	0.015	0.017	0.01	0.014	0.01
200	0.009	0.01	0.013	0.008	0.01	0.007

2014 年 6 月 27 日对永 8-7 井第一轮施工完对注入井和生产井的基本生产数据参数(表 5-3-29)和地层压力梯度分布进行测试(表 5-3-30)。

表 5-3-29 永 8-7 井注入井和生产井的基本生产数据参数(第一轮施工完)

注水井			生产井		
井 号	井眼半径/m	井底压力/MPa	井 号	流压/MPa	井距/m
永 8-7	0.062 13	24.76	8CX6	9.87	250
			8P2	8.02	175
			8P14	7.31	100
			8-46	12.17	225
			8P6	8.77	160
			8-47	15.13	580

表 5-3-30　永 8-7 井压力梯度 d*p*/d*r* 与 *r* 关系（第一轮施工完）

r/m	\multicolumn{6}{c}{8-7 井压力梯度 d*p*/d*r* 与 *r* 关系}
	\multicolumn{6}{c}{(d*p*/d*r*)/(MPa·m^{-1})}
	8CX6	8P2	8P14	8-46	8P6	8-47
0.1	17.9	21	23.63	15.36	20.35	10.53
0.3	5.98	7.03	7.87	5.12	6.78	3.5
0.5	3.59	4.2	4.72	3.07	4.07	2.1
1	1.79	2.1	2.36	1.54	2.04	1.05
3	0.6	0.7	0.79	0.51	0.68	0.35
5	0.36	0.42	0.47	0.3	0.4	0.21
10	0.18	0.21	0.24	0.15	0.2	0.1
30	0.06	0.07	0.08	0.058	0.07	0.04
50	0.04	0.04	0.05	0.03	0.04	0.02
70	0.03	0.03	0.03	0.02	0.03	0.015
100	0.02	0.02	0.02	0.015	0.02	0.01
150	0.01	0.014	0.016	0.01	0.014	0.007
200	0.009	0.01	0.01	0.008	0.01	0.005

2014 年 10 月 13 日对永 8-7 井第二轮施工前注入井和生产井的基本生产数据参数（表 5-3-31）和地层压力梯度分布进行测试（表 5-3-32）。

表 5-3-31　永 8-7 井注入井和生产井的基本生产数据参数（第二轮施工前）

\multicolumn{3}{c}{注水井}	\multicolumn{3}{c}{生产井}
井　号	井眼半径/m	井底压力/MPa	井　号	流压/MPa	井距/m
			8CX6	9.67	250
			8P2	7.97	175
永 8-7	0.062 13	25.56	8P14	4.56	100
			8-46	9.98	225
			8P6	8.41	160
			8-47	10.72	580

表 5-3-32　永 8-7 井压力梯度 d*p*/d*r* 与 *r* 关系（第二轮施工前）

r/m	\multicolumn{6}{c}{8-7 井压力梯度 d*p*/d*r* 与 *r* 关系}
	\multicolumn{6}{c}{(d*p*/d*r*)/(MPa·m^{-1})}
	8CX6	8P2	8P14	8-46	8P6	8-47
0.1	19.14	22.15	28.44	19.02	21.8	16.2
0.3	6.38	7.38	9.48	6.34	7.28	5.41
0.5	3.8	4.43	5.69	3.8	4.37	3.25

8-7 井压力梯度 dp/dr 与 r 关系						
1	1.9	2.2	2.84	1.9	2.18	1.62
3	0.64	0.74	0.95	0.93	0.73	0.54
5	0.38	0.44	0.57	0.38	0.44	0.32
10	0.19	0.22	0.28	0.19	0.22	0.16
30	0.06	0.07	0.1	0.06	0.07	0.05
50	0.04	0.04	0.06	0.04	0.04	0.03
70	0.03	0.03	0.04	0.03	0.03	0.02
100	0.02	0.02	0.03	0.02	0.02	0.016
150	0.013	0.05	0.019	0.013	0.015	0.01
200	0.01	0.01	0.01	0.010	0.01	0.008

2014 年 11 月 18 日对永 8-7 井第二轮注完冻胶后注入井和生产井的基本生产数据参数（表 5-3-33）和地层压力梯度分布进行测试（表 5-3-34）。

表 5-3-33　永 8-7 井注入井和生产井的基本生产数据参数（第二轮注完冻胶）

注水井			生产井		
井　号	井眼半径/m	井底压力/MPa	井　号	流压/MPa	井距/m
永 8-7	0.062 13	24.16	8CX6	9.68	250
			8P2	7.98	175
			8P14	4.72	100
			8-46	9.98	225
			8P6	8.41	160
			8-47	10.67	580

表 5-3-34　永 8-7 井压力梯度 dp/dr 与 r 关系（第二轮注完冻胶）

永 8-7 井压力梯度 dp/dr 与 r 关系						
r/m	$(dp/dr)/(MPa \cdot m^{-1})$					
	8CX6	8P2	8P14	8-46	8P6	8-47
0.1	17.45	20.4	26.32	17.3	20.1	14.8
0.3	5.8	6.8	8.77	5.8	6.68	4.9
r/m	$(dp/dr)/(MPa \cdot m^{-1})$					
	8CX6	8P2	8P14	8-46	8P6	8-47
0.5	3.5	4.1	5.26	3.5	4	2.95
1	1.75	2	2.6	1.73	2	1.48
3	0.58	0.68	0.88	0.58	0.67	0.49

永 8-7 井压力梯度 dp/dr 与 r 关系					
5	0.35	0.4	0.53	0.35	0.4	0.3
10	0.17	0.2	0.26	0.17	0.2	0.15
30	0.06	0.07	0.09	0.06	0.07	0.05
50	0.03	0.04	0.05	0.03	0.04	0.03
70	0.02	0.03	0.04	0.025	0.03	0.02
100	0.017	0.02	0.03	0.017	0.02	0.015
150	0.01	0.01	0.02	0.01	0.013	0.01
200	0.009	0.01	0.01	0.009	0.01	0.007

永 8-7 井对油井 8-46 井作用半径在 30 m 时,调后压力梯度为 0.06 MPa/m,比调之前提高 0.01 MPa/m。

(3) 永 8-7 井调驱前后油井效果。

永 8 块 S$_2$5^1 小层现场实施后,比不调整增加日产油 13.9 t,到 2015 年 1 月 10 日累计增油 1 948 t(图 5-3-13 和图 5-3-14)。自然递减由调整前的 15.6% 下降到 −20.3%,含水由 94.2% 下降到 92%,含水上升率为 −3.6%(图 5-3-15)。

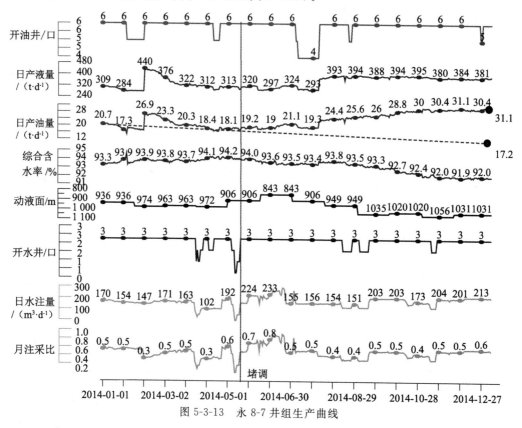

图 5-3-13 永 8-7 井组生产曲线

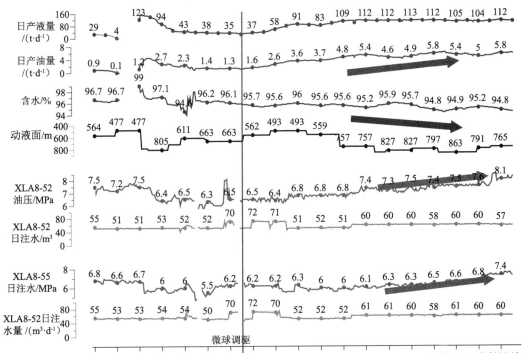

图 5-3-14　中心井永 8-46 生产曲线

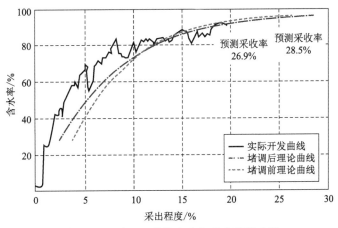

图 5-3-15　永 8-7 井组含水与采出程度曲线

实施微球调驱后,试验区注水压力梯度由 0.05 MPa/m 提高到 0.06 MPa/m,从水驱特征曲线(含水率与采出程度曲线)可以看出提高了水驱采收率 1.6%。

参考文献

［1］ 雷光伦.孔喉尺度弹性微球深部调驱新技术［M］.东营：中国石油大学出版社,2011.

［2］ 陈月明.水驱油田高含水期稳产措施宏观决策方法［M］.东营：中国石油大学出版社, 2006.

［3］ 秦积舜,李爱芬.油层物理学［M］.东营：石油大学出版社,2003.

［4］ 赵福麟.EOR 原理［M］.东营：中国石油大学出版社,2006.

［5］ 冈秦麟.高含水期油田改善水驱效果新技术（上）［M］.北京：石油工业出版社,1999.

［6］ 方少仙,侯方浩.石油天然气储层地质学［M］.东营：石油大学出版社,1998.

［7］ 张毅.采油工程技术新进展［M］.北京：中国石化出版社,2005.

［8］ 刘庆旺,范振中,王德金.弱凝胶调驱技术［M］.北京：石油工业出版社,2003.

［9］ 陈铁龙,周晓俊,唐伏平,等.弱凝胶提高采收率技术［M］.北京：石油工业出版社, 2006.

［10］ 赵福麟.油田化学［M］.东营：石油大学出版社,2000.

［11］ 韩显卿.提高采收率原理［M］.北京：石油工业出版社,1992.

［12］ 刘翔鹗.第九次改善石油采收率会议论文集［C］.北京：石油工业出版社,1995.

［13］ 叶仲斌.提高采收率原理［M］.北京：石油工业出版社,2000.

［14］ 王克亮.改善聚合物驱油技术研究［M］.北京：石油工业出版社,1997.

［15］ BAI B J,LIU Y Z,LI L X.Preformed particle gel for conformance control：Transport mechanism through porous media［J］. Reservoir Evaluation & Engineering,April,SPE：176-184.

［16］ BAI B J,LIU Y Z,LI L X. Performed particle gel for conformance control：Factors affecting its properties and applications. Paper SPE 89389 presented at the SPE/DOC Symposium on Improved Oil Recovery,Tulsa,17-21 April. DOI：10. 2118/89389-MS.

［17］ SERIGHT R S,LIANG J. A survey of field applications of gel treatments for water shutoff［R］. Argentina：SPE 26991 .The 1994 SPE Ⅲ Latin American & Caribbean Petroleum Engineering Conference,Buenos Aires,April 27～29,1994：221-231.

［18］ CARREAU P T,CHOPLIN L,CLERMONT J R. Ploym. Eng. Sci. ,1985(25)：669-676.

［19］ HOFFMAN R L. Factors affecting the viscosity of unmoral and multimodal colloidal dispersions［J］. Journal of Rheology,1998,42(1)：111-123.

[20] BRADY J F,BOSSIS G. The rheology of concentrated suspension of sphere shear floe by numerical simulation [J]. Fluid Mechanics,1985(155):105-129.

[21] 宋健.中国石油产量与消费量的动态分析[D].北京:中国石油大学(北京),2011.

[22] 孙玉青.微纳米弹性微球启动剩余油及提高采收率机理研究[D].青岛:中国石油大学(华东),2011.

[23] 陈治中.海上油田聚合物微球深部调驱技术应用研究[D].青岛:中国石油大学(华东),2011.

[24] 胡俊燕.高强度高耐温聚合物纳米微球调驱剂的研究[D].成都:成都理工大学,2014.

[25] 刘骜烜.高温高盐油藏纳米微球的调驱——以华北赵86油藏断块为例[D].荆州:长江大学,2015.

[27] 陈剑波.核壳类聚合物微球调剖技术研究[D].青岛:中国石油大学(华东),2007.

[28] 张增丽.孔喉尺度聚合物弹性微球合成及调驱性能研究[D].青岛:中国石油大学(华东),2008.

[29] 叶文瀚.狮子沟高矿化度油藏复合深部调驱技术研究[D].成都:西南石油大学,2015.

[30] 宋岱锋.功能聚合物微球深部调剖技术研究与应用[D].济南:山东大学,2013.

[31] NORMAN C,DWYANN D,DON E,et al. Global field results of a polymeric gel system in conformance applications[J].SPE,2006(2):1393-1398.

[32] NORMAN C,TURNER B,ROMERO J L,et al.A review of over 100 polymer gel injection well conformance in Argentina and Venezuela:design,field implementation,and evaluation[J]. SPE,2006(4):1567-1573.

[33] SENOL N N,GULMUSE R R,TEKAYKA N,et al.Design and field application of chemical gels for water control in oil water producing from natured fractured carbonated reservoir[J]. SPE 17949,1989:188.

[34] GOGARTY W B.Marathon Oil Co. enhanced oil recovery through the use of chemicals-part Ⅰ[J]. SPE 12367,1983.

[35] LIANG J T, LEE R L, SERIGHT R S. Gel Placement in Production Wells[J]. Spe Production & Facilities, 1993,8(4):276-284.

[36] SERIGHT R S. Use of preformed gels for conformance control in fractured systems [J]. SPE 35351,1996.

[37] MACK J C,SMITH J E. In-depth collidal dispersion gels Improve oil recovery efficiency[C].Paper SPE/DOE 27780 presented at the 1994 Improved oil recovery symposium Tulsa,Okla,U. S. A. 1994 Apr:17-20.

[38] PENG B,LI M Y.Determination of the structure of polyacrylamide aluminum citrate colloidal dispersion gel system[J].Chinese J. of Chem. Eng. ,1998,6(2):171-173.

[39] 熊春明,唐孝芬.国内外堵水调剖技术最新进展及发展趋势[J].石油勘探与开发,2007,34(1):83-88.

[40] 陈铁龙.胶态分散凝胶在马21断块砂岩油藏调驱中的应用[J].油田化学,2001,18(2):155-172.

[41] 彭勃,李明远.聚丙烯酰胺胶态分散凝胶微观形态研究[J].油田化学,1998,15(4):

358-361.

[42] 林梅钦,李建阁. HPAM/柠檬酸铝胶态分散凝胶形成条件研究[J]. 油田化学,1998,15(2):160-163

[43] 林梅钦,李明远. 胶态分散凝胶在多孔介质中的流动阻力[J]. 石油大学学报(自然科学版),1998,2(4):93-95.

[44] 冯锡兰,曹文华. 胶态分散凝胶吸附滞留行为的研究[J]. 石油学报,2000,21(1):97-100.

[45] 王雷,邓勇辉,府寿宽,等. 反相微乳液合成亲水性聚合物纳米微球[J]. 复旦学报(自然科学版),2001,40(6):677-682.

[46] 孙焕泉,王涛,肖建洪,等. 新型聚合物微球逐级深部调剖技术[J]. 油气地质与采收率,2006,13(4):77-79.

[47] 王涛,肖建洪,孙焕泉,等. 聚合物微球的微观形态、粒径及封堵特性研究[J]. 油气地质与采收率,2006,13(4):80-82.

[48] 雷光伦,郑家朋. 孔喉尺度聚合物微球的合成及全程调剖驱油新技术研究[J]. 中国石油大学学报(自然科学版),2007,31(1):87-90.

[49] 赵福麟,张贵才,孙铭勤,等. 粘土双液法调剖剂封堵地层大孔道的研究[J]. 石油学报,1994,15(1):56-65.

[50] 李克华,戴彩丽,赵福麟. 黏土聚丙烯酰胺复合堵剂积累膜堵水机理研究[J]. 江汉石油学院学报,1997,19(3):68-71.

[51] 张霞林,周晓君. 聚合物弹性微球乳液调驱实验研究[J]. 石油钻采工艺,2008,30(5):89-92.

[52] 白宝君,李宇乡,刘翔鄂. 国内外化学堵水调剖技术综述[J]. 断块油气田,1998,5(1):1-5.

[53] 陈铁龙,周晓俊,赵秀娟,等. 弱凝胶在多孔介质中的微观驱替机理[J]. 石油学报(自然科学版),2005,26(5):74-77.

[54] 张增丽,雷光伦,刘兆年,等. 聚合物微球调驱研究[J]. 新疆石油地质,2007,28(6):749-751.

[55] 赵福麟,张贵才,周洪涛,等. 调剖堵水的潜力、限度和发展趋势[J]. 石油大学学报,1999,23(1):49-54.

[56] BRYANT,BORGHI S L,BARTOSEK G P,et al. Experimental investigation on the injectivity of phenol-formaldehyde/Polymer Gels[J]. SPE 52980,1998.

[57] KAWAGUCHI H. Functional polymer microspheres[J]. Progress in Polymer Science,2000,25(8):1171-1210.

[58] BERKLAND C,KYEKYOON K,DANIEL W P. Fabrication of PLG microspheres with precisely controlled and monodisperse size distributions [J]. Journal of Controlled release,2001,73(1):59-74.

[59] MELAMED O,MARGEL S. Poly (N-vinyl α-phenylalanine) microspheres:synthesis,characterization and use for immobilization and microencapsulation [J]. Journal of Colloid and Interface Science,2001,241(2):357-365.

［60］ SHEN S,SUDOLE D,ELASSER M S. Control of particle size in dispersion poly-merization of methyl methacrylate［J］. Journal of Polymer Science（Part A）,1993（31）:1393-1398.

［61］ LITTMANN W. Polymer flooding［J］. Amsterdam-Oxford-New York-Tokyo:Elsevier,1988:3-9.

［62］ 白宝君. 裂缝大孔道油田凝胶处理技术研究［R］. 辽宁丹东:全国第 11 次堵水技术研讨会,2001.

［63］ 陈智宇,倪方天,王晓玲,等. 港西四区聚合物防窜井组先导试验［C］. 化学驱论文集.北京:石油出版社,1998:344-350.

［64］ WANG H G,GUO W K,JIANG H F. Study and application of weak gel system prepared by complex polymer used for depth profile modification［C］//SPE International Symposium on Oilfield Chemistry. Society of Petroleum Engineers,2001.

［65］ FIELDINGJR R C,GIBBONS D H,LEGRAND F P. In-depth drive fluid diversion using an evolution of colloidal dispersion gels and new bulk gels:an operational case history of north rainbow ranch uttit［C］//SPE/DOE Improved Oil Recovery Symposium. Society of Petroleum Engineers,1994.

［66］ RANGANATHAN R,LEWIS R,MCCOOL C S,et al. An experimental study of the in situ gelation behavior of a polyacrylamide/aluminum citrate colloidal dispersion gel in a porous medium and its aggregate growth during gelation reaction［C］//SPE international symposium on oilfield chemistry,1997:103-116.

［67］ 刘翔鹗. 中国油田堵水调剖技术的发展与展望［C］. 2008 年油田高含水期深部调驱技术研讨会论文集.北京:中国石化出版社,2008:1-8.